U0047913

世茂出版有限公司
世潮出版有限公司
智富出版有限公司

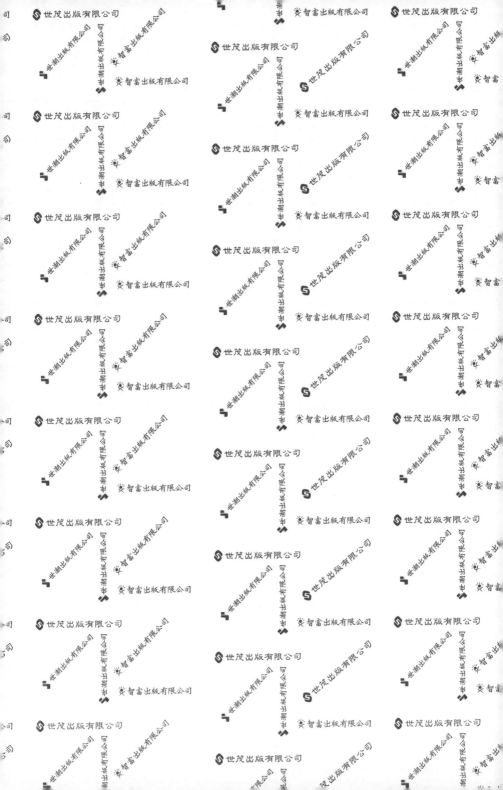

世界第一簡單
數位電路

天野英晴◎著

闕志達 ◎審訂　衛宮紘◎譯

前言

電腦、智慧型手機、平板電腦……我們身邊充滿各種數位產品，連類比訊號（電路）的最後堡壘——電視機，也已經變成數位。為什麼數位電路會變得如此發達？它利用什麼原理運作？內部設計又是如何？這些問題本書皆以輕鬆的漫畫解說，而不使用布林代數或是艱難的數學式與理論，讓讀者可以快速掌握數位電路的基本概念。

數位電路的世界只有 0 與 1，而稱為「閘」的基本元件，只能做簡單的動作。本書第 1 章將介紹常見的數位電路；第 2 章則解說為什麼這樣簡單的數位電路會發展得如此迅速，進而取代傳統的類比電路；第 3 章介紹透過輸入數值決定輸出數值的「組合電路」簡單設計方法；而第 4 章解說「化簡」的方法。「化簡」是大學數位電路課程中，極為重要的部分，教授會教導學生如何用布林代數轉換數學式，但本書將以更易懂的方式來化簡數學式，即使讀者不擅長數學，也能享受設計電路的樂趣。第 5 章介紹儲存元件和順序電路的設計方法，最後，本書會介紹硬體描述語言 HDL、高階合成 HLS 等的最新設計方法。

數位電路的世界充滿圖表，例如：真值表、電路圖、卡諾圖、狀態變遷圖等，因此以文字敘述來解說數位電路，不如用「漫畫」解說更合適。本書運用漫畫的優點，以易於理解的方式寫作，例舉多個設計實例，深入解說元件的構造，再以 column 補充高水準、先進的知識與設計技術。不管讀者是數位電路的初學者，還是主修其他領域、從事數位電路設計的專業人士，本書都能滿足你的求知慾。

本書由目黑広治負責作畫，Office sawa 的澤田佐和子負責製作，有他們的協助，我才能完成這本不同以往的數位電路專書，運用劃時代的圖像表現，具現數位電路的本質。感謝歐姆社給我執筆的機會，並給予我許多建言，在此致上深深謝意。

天野英晴

目　次

第 5 章　設計順序電路　　　　145

第 1 章

數位電路是什麼？

這裡是
日本東京市某處

工作人員
募集
二手商店
誠心募集工作人員

請妳先自我
介紹吧。

好的！

我是
會坂五藻，
高中二年級，
請多指教！

會坂……五藻，
高中生……
而且還是女孩子……

這孩子是
胖啵。

啵—

我們這裡大多
是勞力工作，
妳沒問題嗎？

沒問題，
別看我這樣，
我對自己的體力
非常有信心，
絕對沒有問題！

喔—
我以為來應徵的人會是像
我一樣粗野的傢伙⋯⋯
沒想到是女孩子。

而且……
她好可愛！

拍　胸

店……店長，
錄取她吧！

低語

低語

低語

你只會
看外表！

再說，錄不錄取
是我來決定的！

3

妳為什麼想進這家店呢？

為什麼想在二手家電店打工？

因為這家店……

能讓我發揮特技。

特技……

什麼意思？

我……我………

呃，說出來了，閃～～

喔・喔・喔

非常擅長拆解電器產品！

喀嚓

安靜

拆……拆解……

我……我真的…

頭暈

那些光滑又酷炫的電器……

我喜歡用螺絲起子插入鎖緊的螺絲孔，巧妙扭轉。

我喜歡把它們撬開，看看裡面的構造。

我家的電器，幾乎都被我拆解過了……

等……等一下……妳在家裡也會修理、組裝各種電器嗎？

修理？

組裝？

那種事情我當然不可能會啊！

我喜歡拆解它們，再好好觀賞殘骸♥

我喜歡看它們完全變成另一個樣子♥

那不是純然的破壞嗎？

扭動 扭動

害怕～

店……店長，這女孩太危險了，不要錄取吧！

你轉變得真快啊！

最近的電器好像變了……
只能拆解外部，內部有很多
我沒辦法完全拆解的部分。

像是綠色的板子上
有很多四角形
黑黑的東西…

那到底是什麼？
裡面有什麼東西
呢？

這一點總是讓
我心有疙瘩，
靜不下來……

焦躁
焦躁
焦躁

沒錯，只是拆
解，確實沒有
辦法瞭解內部
構造。

要瞭解電器
的內部構造──

必須先認識
數位電路。

數位……電路？

7

只有 0 和 1！

我聽說，電腦是「**數位電路**」的一種，只有 0 和 1。

妳的觀念沒有錯。

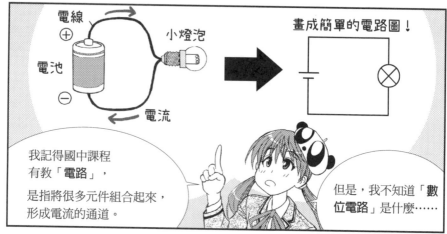

電線　＋　小燈泡　電池　－　電流

→ 畫成簡單的電路圖！

我記得國中課程有教「電路」，

是指將很多元件組合起來，形成電流的通道。

但是，我不知道「**數位電路**」是什麼……

太好了，高場，你大學主修這個吧？

你解說一下吧
——

啊？我嗎？

這樣說吧
……

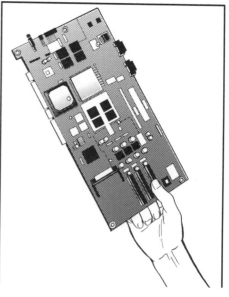

我實際舉例講解吧。
電腦、電器的內部,大部分都有「印刷電路板」吧?

電路板是組裝電子元件的板子。

對,我看過!

上面安裝了各種元件,配線以後可讓電流通過。

嗯,這個部分看起來很複雜。

電路板上,會安裝這種元件。

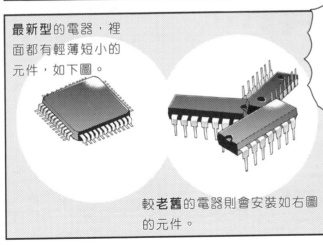

最新型的電器,裡面都有輕薄短小的元件,如下圖。

較老舊的電器則會安裝如右圖的元件。

真的,我常看到,真是不可思議!

它長得像蟲,有很多銀色的腳,身體是長方形或正方形的!

蟲……

9

這是稱為 **IC**（Integrated Circuit，積體電路）※的**電子元件**，是非常重要的元件。

為了方便說明，我以舊型的 IC 為例說明吧。

首先，銀色的腳叫作**接腳**（pin）。

接腳

※大規模的積體電路，稱為 LSI。

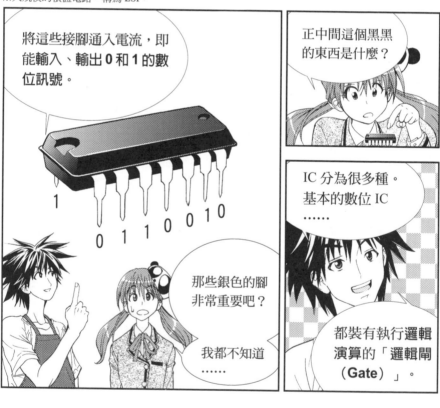

將這些接腳通入電流，即能輸入、輸出 **0 和 1** 的**數位訊號**。

1

0 1 1 0 0 1 0

那些銀色的腳非常重要吧？

我都不知道……

正中間這個黑黑的東西是什麼？

IC 分為很多種。基本的數位 IC ……

都裝有執行**邏輯演算**的「**邏輯閘**（Gate）」。

邏……
邏輯？

拜託你們，不能有邏輯一點嗎？

你們才是沒有邏輯吧？

吵雜 吵雜

邏輯該不會是指這種吧……

不是！
請忘掉那個讓人心煩的影像啦！

數位只有0和1，

邏輯演算運用這種單純的概念，非常簡單。

原理很接近「規則」、「拼圖」的概念。

規則？

拼圖？

哦

對。例如，邏輯閘有各式各樣的形狀，而且各有規則。

將不同的閘組合起來，即能做出不同的電路。

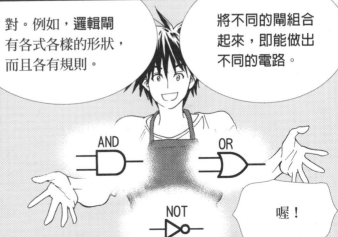

AND

OR

NOT

喔！

「電路設計」就是

「做出符合預期運作方式的電器」。

製作我們平常使用的電器，必須先設計電路圖。

有關此設計的知識，即為……

「數位電路」！

啊！

是和電器有關的學問呀，好像很有趣！

好厲害

但是……
很困難吧……

我大概
學不來……

學不來嗎？

五藻，
妳看這個。

咚——

這是
什麼？

這是我為了打發
時間，所做的電
子骰子。

以七個 LED 燈來
表示骰子的點數。

這個嗎？

先按 Start 鍵，
再按 Stop 鍵。

按下去！

Start

啪

啪

啪

啪

啪

哇！

亮燈數快速變化……

啪

啪

啪啪

停止！

按下 Stop 鍵，停止骰子……

出現三點。

ok！
妳的時薪是三百日圓！

300 日圓

太……太過分了吧，店長！

三……
三百日圓……

打擊手！

妳不要真的相信啊！

開玩笑的，不管妳試幾次，這個電子骰子都只會出現「1～6 的點數」。

※註：日本最低時薪約八百五十日圓。

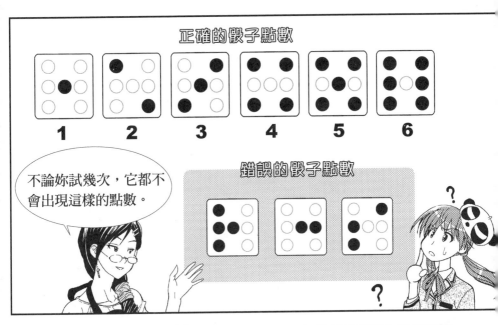

正確的骰子點數

1 **2** **3** **4** **5** **6**

不論妳試幾次，它都不會出現這樣的點數。

錯誤的骰子點數

這是不存在的骰子點數。

如果出現這樣的點數，會讓人覺得毛毛的……

為什麼會只出現正確的點數呢？

這是因為——

電子骰子內部的電路設計！

廢話！

咚咚——

丟！

給妳。

妳拆解它，看看內部的構造吧。

咦？

興

奮

我真的可以拆解它嗎？

趕快動手吧……

轉

轉

她真的很喜歡拆解耶……

轉動

轉動

興奮

興奮

興奮

打開囉！

咔喀

看看內部吧♪

16

啊？

有好多蟲⋯⋯
不對，是有好多 IC！

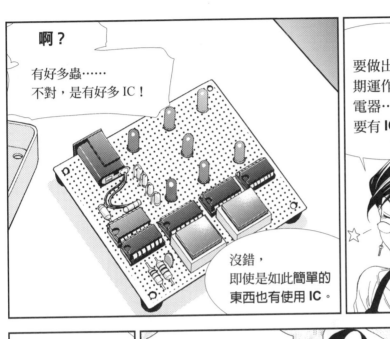

沒錯，
即使是如此簡單的
東西也有使用 IC。

要做出符合預
期運作方式的
電器⋯⋯一定
要有 IC。

原來
這個簡單的骰子，
也需要 IC 啊。

這麼看來，
IC、邏輯⋯⋯

好像很簡單
呢。

我也可以做到嗎？

請教我吧！

好！拜託你了，
高場～♪

椎

唉唉唉唉唉！
怎麼推給我？

高場先生，
拜託你！

我會好好學習
「數位電路」！

‥‥

數位 IC

IC（Integrated Circuit）是積體電路，亦即搭載**許多電晶體**的半導體。

本章介紹的IC位於黑色封裝（package）內部，稱為晶片。一般來說，IC多指安裝在數位電路裡面的數位IC，內部搭載許多電晶體。搭載超過數萬個電晶體的IC，又稱為LSI（Large Scale Integrated Circuit，大規模積體電路）。最近的LSI，晶片四周有非常細的接腳，置於封裝組件中，再牢牢裝於印刷電路板上。拆解手機等新型資訊科技產品，可看到LSI和其他組件一起搭載在小型的印刷電路板上。而且，令人驚訝的是，電路板上的晶片數量並不多，因為最近的LSI整合度※提高，使產品的功能只依靠少數LSI晶片。

五藻拆解的電子骰子所使用的數位IC，是只有數十個電晶體的小規模IC，組裝在兩側擁有多隻接腳的封裝（DIP：Dual Inline Package，雙插封裝）中。1970年代到1980年代，DIP可以在日本秋葉原等地方買到，將DIP插入萬用電路板（洞洞板），再焊接配線，製成數位電路，即是古老而優良的電子工程。現在除了教學，這種IC已經沒有人在使用了，取而代之的是設計者能夠自由改變內部功能的IC——PLD（Programmable Logic Device，可程式邏輯元件）。

PLD的同伴 **FPGA**（Field Programmable Gate Array，場規劃邏輯閘陣列）搭載了大規模且高速的數位電路，不但價格便宜且設計簡單。FPGA的測試用電路板很容易買，晶片與晶片之間不需要焊接。現今，從事電子工程的相關人士都開始使用**FPGA**，可輕鬆製作功能強大的電子產品。另外，FPGA的數位電路直接封裝在晶片中，所以不管五藻怎麼拆解，也看不到裡面的結構。本書的一開始，我們會先沉浸在古老而優良的電子工程世界，學習數位電路。不論是運用小型積體電路，還是運用最新型FPGA的電子工程，都通用本書介紹的數位電路原理。掌握此原理，即可運用最新技術的CAD（Computer Aided Design）電腦輔助設計軟體和FPGA，製作自己喜歡的電路。

※整合度，指單一晶片所容納的元件數量。

FPGA

FPGA（Field Programmable Gate Array，場規劃邏輯閘陣列）是一種能夠改變功能的數位 IC，內部有很多數位元件，例如小型的真值表、正反器（flip-flop）儲存元件、連結元件與元件的配線，以及小型開關。傳統的FPGA構造如下圖所示。

將數值輸入真值表，設定各開關，我們即能做出自己想要的數位電路。

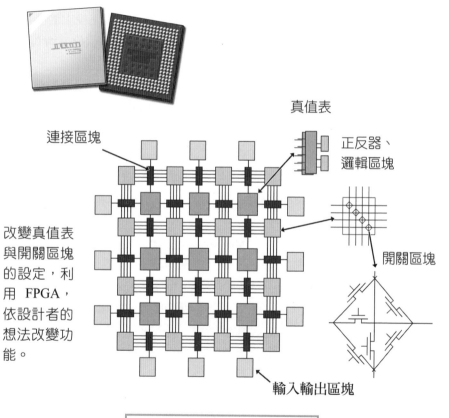

真值表

連接區塊

正反器、
邏輯區塊

改變真值表
與開關區塊
的設定，利
用 FPGA，
依設計者的
想法改變功
能。

開關區塊

輸入輸出區塊

圖 1　FPGA 的構造

　第 5 章的 column 將詳細介紹 FPGA 的程式設計：運用硬體描述語言，讓電腦程式編出新的程式。

　接著，再用電腦的 CAD（Computer Aided Design）電腦輔助設計軟體，設定 FPGA 的配線。目前製作 FPGA 的日本公司，以 Xilinx 和 Altera 較有名，兩者皆有提供學術用的免費 CAD。近來 FPGA 測試板很便宜，花幾千元日幣即可買到。

　所以，不管是設計電腦的 CPU、機器人的控制電路或遊戲的電路，讀者都能自己測試運作情形，日本許多單位也有舉辦以 FPGA 設計遊戲的比賽。

　以下是 Xilinx 和 Altera 的網址：

◆Altera
http://www.altera.co.jp
http://www.altera.com

◆xilinx
japan.xilinx.com
www.xilinx.com

第1章 名詞解釋

● **IC（Integrated Circuit）積體電路**：搭載許多電晶體的半導體，分為數位 IC 和類比 IC，本書介紹用數位 IC 設計的數位電路。LSI（Large Scale IC）則是指大規模的積體電路。

● **邏輯電路**：處理 AND、OR、NOT 等，僅有 0 與 1 邏輯演算的電路，可說是「數位電路＝邏輯電路」。

● **邏輯閘**（Gate）：執行邏輯演算的基本元件。有 AND（及閘）、OR（或閘）、NOT（反閘）、NAND（反及閘）、NOR（反或閘）、XOR（互斥或閘）。第 2 章將介紹的 7432 等，是內部僅有少數邏輯閘的標準邏輯 IC，以前常見這類型的 IC，但現在幾乎沒有人在使用了。

● **布林代數、邏輯學**：數位邏輯設計的基礎知識，請參照第 2 章 column。

第2章
數位與類比

從類比電路到數位電路

開始妳的第一份工作吧。

你們把這些老舊的電視,搬到裡面去。

哇!真讓人懷念的電視。

好!

沒錯，
以前的人都使用這種類比電視，

嘿—

現在已全面換成數位電視。

時代的變遷啊，
我的年紀也增加了……

頭抖

頭抖

呼～

拜託～～
別感傷了，
來幫我吧！

這麼說來……
我要學的「數位電路」，和電視的數位電路有關嗎？

奮力抬起

？

類比電路的產品

數位電路的產品

哇—

當然有關係啊！
以前的電視、攝影機、收音機、音響等，都是用「類比電路」製成。

但是，現在已全部換成「數位電路」。

27

哼哼！

為什麼數位電路會變得這麼發達，成為主流呢？

真讓人在意！

請告訴我為什麼！

啊！

不……

妳先搬完這些，我再告訴妳為什麼！

汗流浹背

汗流浹背

汗流浹背

▶ 類比和數位的概念

言歸正傳……
首先……

哈—

哈—

我們先來瞭解，「類比」和「數位」的概念吧。

哈—

汗流浹背

汗流浹背

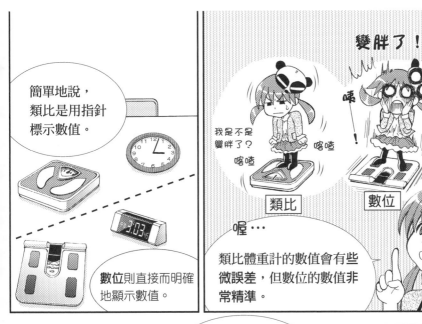

簡單地說，類比是用指針標示數值。

數位則直接而明確地顯示數值。

變胖了！

我是不是變胖了？喀喳 喀喳

類比

咦！嗶！

數位

喔⋯

類比體重計的數值會有些微誤差，但數位的數值非常精準。

嗯，妳的例子完全說出女人的心聲。

「類比電路」和「數位電路」的概念，和妳舉的例子一樣。

咦！真的嗎？

沒錯。先來看流過電路的電壓值※〔V〕吧，

「類比電路」的重點在於電壓值的微妙差距。

有「0.1V」和「0.2V」的微小差距，也有「0.1V」和「0.1001V」，的極微小差距。

※電壓：推動電力流動的力量。
　單位：V（伏特）。

↓隨時間變化的電壓值，如下圖：

類比電路

電壓的大小

時間

「類比電路」的電壓變化好細微，形成的圖形很複雜。

但是！
「數位電路」
只有「高電位（H）」和「低電位（L）」兩種！

High 和 Low！

沒錯，數值很極端，也很單純！

因為非常單純，只分成兩種，
數位電路才會發展得這麼迅速。

哇！
數位電路不是高就是低！

數值好極端！

嗯？

我不理解……

30

想想我們一開始說的，
（參照 P.8）
電腦只有「0 和 1」兩種。
這個「0 和 1」與
「L 和 H」的道理相同。

相同！

意思是說，
電腦就是一種
數位電路。

嗯嗯。

點頭　　點頭

IC 利用「0 和 1」，
快速地執行演算
（運算處理）！

非常快速！

因為只有「0 和 1」，
非常單純，所以演算可以
超高速執行！

比較類比電
路和數位電
路的運作速
度……

東翻　　西找

啪！

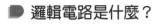

▶ 邏輯電路是什麼？

嗯—

數位與類比的概念
不難瞭解。

利用 IC 來運算處理，
就是「**邏輯演算**」吧？

這到底是
什麼樣的演算……
邏輯聽起來很難……

唉勁啦

不難喔，
簡單到連
高場都有辦法說明。
快，你為她說明吧。

IC 裡面
有**邏輯電路**。

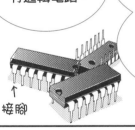

↑
接腳

舉例來說，74 系列，
7432 的 IC 構造如
右圖……

有好幾個 **OR** 電路。

這是用符號
表示電路的圖。

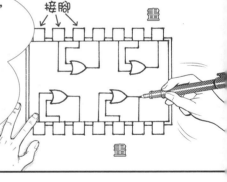

接腳

畫

畫

哇！

真的耶，同樣的圖案有四個，

每一個都和接腳相連。

對，
每個接腳都輸入、
輸出 0 或 1。

將一個符號放大，
即如下頁所示。

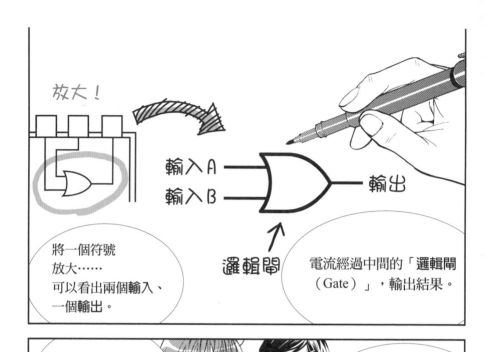

放大！

輸入 A ── 輸出
輸入 B ──

邏輯閘

將一個符號放大……
可以看出兩個輸入、一個輸出。

電流經過中間的「邏輯閘（Gate）」，輸出結果。

Gate 本來的意思是「門」……

但妳也可以把它想像成箱子。

邏輯電路是不可思議的箱子，輸入某數即會輸出計算結果。

而且不管是輸入還是輸出，都只有 0 和 1……

好──
我瞭解了！

輸入 A ──
輸入 B ── 邏輯電路 ── 輸出

輸入和輸出
都是 0 和 1

■「邏輯閘」的基本原理

接下來……

邏輯電路（邏輯閘）
分成好幾種，

我將介紹
常見的「**AND 電路**」、
「**OR 電路**」、「**NOT 電路**」。

不用害怕啦，
邏輯閘的原理
其實很簡單！
可比喻成戀愛！

哈哈

妳把喜歡和討厭。

想成
1（喜歡）和 **0**（討厭）。

顯示

啊？
一下子來三個？
不能一個一個來嗎……

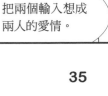

把兩個輸入想成
兩人的愛情。

35

AND 電路，雙方都是 1（喜歡），
結果才會是 1（喜歡）。

如果是單戀，有一個人是 0（討厭），
結果就會變成 0（討厭）。

只有**兩人互相喜歡**，
結果才會是戀愛！
真嚴格！

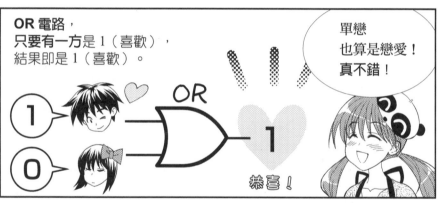

OR 電路，
只要有一方是 1（喜歡），
結果即是 1（喜歡）。

單戀
也算是戀愛！
真不錯！

恭喜！

NOT 電路的輸入，會反轉結果，
將原本的 1（喜歡），反轉成 0（討厭）。

怎麼這麼怪！
根本是
命運的惡作劇吧！

為什麼
以我為例？

相反！

這就是邏輯閘的原理。

簡單吧？

我懂了！

AND 電路
一定要相戀；

OR 電路
單戀也行；

NOT 電路是
命運的惡作劇！

興奮

興奮

嗯

這種理解方式
沒問題嗎……

※第 3 章會詳盡說明邏輯電路。

▶ 數位電路以數量決勝負！

單純

哇！

耶

耶

單純

因此，
「數位電路」的每一
個邏輯閘，都只能做
非常單純的事。

「類比電路」反而可以做更複雜的事。

咦？類比電路比較屬害嗎？

為什麼數位電路會變成今日的主流？

很不可思議吧——數位電路的邏輯閘雖然單純，但速度相對快，體積很小。

哇——

以數量取勝……好像不太可靠…

感覺好像烏合之眾。

數位電路集結眾多小元件，以數量來決勝負！

不不不！它們不是烏合之眾。

以數量來決勝負是數位電路的優勢，因此才能夠取代類比電路。

嗯……怎麼會這樣呢？

這真是一道難解的謎題……

待續……

▶ 數位電路為什麼具有優勢？

為什麼
數位電路具有優勢？

要解開這個謎題，
必須看這個……

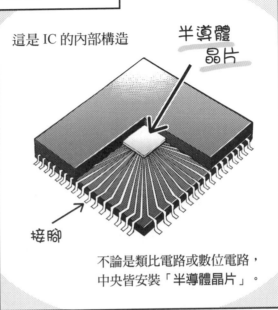

這是 IC 的內部構造

半導體
晶片

接腳

不論是類比電路或數位電路，
中央皆安裝「半導體晶片」。

邏輯閘

許多
電晶體※

半導體
晶片

電晶體等元件
組成邏輯閘

嗯……我記得……
半導體晶片搭載許多
「電晶體」等元件
（組成電路的零件）。

「邏輯閘」由這
些電晶體構成。

發光！

沒錯，高場！

※這是電晶體的電路圖符號。P.86 有詳細說明。

人們的技術隨著時代進步。

一個半導體晶片能夠搭載非常多的電晶體。

具體來說，位於IC內部，長寬各 5mm 的半導體晶片，能夠搭載**數千萬個邏輯閘**。

這在以前，根本是不可能的任務。

哇～～～

5mm 見方

數千萬個？

多到數不完！上面有這麼多邏輯閘，數位電路會很強大吧。

吞口水……

嗯，雖然邏輯閘的體積小，但集結數千萬個，即可得到壓倒性的效能。

沒錯！

哇——

數位電路是因為**半導體技術的進步**，才會這麼發達啊。

西摩斯
CMOS

沒錯，尤其是 1980 年代，**CMOS** 半導體電路製造技術的急速發展，

哦

使類比訊號能夠轉換成數位訊號處理。

現今，不論是電視還是照相機、攝影機……大部分的產品都是數位電路！

影像、音樂、文章，這些都……變成能用 **0** 和 **1** 羅列的資料，以此顯示出來。

數位電路真的是很神奇的東西！

好厲害！

嗯……
雖然類比與數位……

會有類比較老舊，數位較新穎的感覺，但它們的原理根本不一樣，不可相比。

只要能拆解，不管是哪一種電視，我都很歡迎♥

你看著她，別讓她隨便拆解店裡的商品！

我是監視人員？

數位電路的設計很簡單

 我來說明為什麼**數位電路**的設計比類比電路簡單吧！

很多人認為，隨著時代演進，數位電路已取代類比電路，所以數位電路比類比電路更先進，數位電路設計更**困難**，但這個偏見完全是誤會。

 的確，數位電路只有L和H（0和1），邏輯閘的功能也非常單純，當然會比類比電路易於設計。

 但是……大學的課程運用**布林代數**、**邏輯學**等，將數位電路理論化，讓人覺得很困難……

$$A \cdot (A+B) = A$$
$$A + \overline{A} \cdot B = A+B$$
$$\overline{A+B} = \overline{A} \cdot \overline{B}$$
$$\overline{A \cdot B} = \overline{A} + \overline{B}$$

 聽起來好像很複雜，
我一定要學這些理論嗎？

沒關係。邏輯學、布林代數只是方便設計的工具，妳只是要學設計，不用鑽研這些。不用在意困難的數學式，只需理解極簡單的原理，即可設計數位電路。

 我放心了！只要付出努力，我就可以自己設計電子骰子的電路啊。但是，我可以這麼輕鬆地設計更複雜的電子機器嗎？

 嗯，好問題。
數位電路的設計很簡單，但是它「**以數量決勝負**」，所以若是巨大的數位電路，例如電腦的設計，即會面臨問題：**如何設計這麼複雜而巨大的電路呢？**

 複雜而巨大的電路……徒手畫……好像很不切實際……

 對。要設計複雜而巨大的電路，需要**電腦結構**（Computer Architecture）、**作業系統設計技術**，以及不同領域的專業知識。

 這樣啊。果然，人生不可能事事順心……
好可惜啊……

 妳不用這麼失望！
值得慶幸的是，因為電腦技術的發達，出現了 **CAD**（Computer Aided Design）電腦輔助設計的技術。化簡數位電路、測試運作速度等麻煩的工作，都可以交給CAD。

只要描述方式接近於啟動對象的HDL（硬體描述語言）或電腦的程式語言，**CAD**即可做出對應的數位電路，是相當便利的工具。

順帶一提……

電腦技術的進步，也是託數位電路的福。

 多虧電腦的幫忙，我們免去許多麻煩，真的很感謝電腦……

 沒錯。相對地，我們必須在別的地方多動腦筋，必須思考：**設計什麼樣的功能，才能做出吸引顧客的數位系統？**這是活生生的人類才有辦法做到的事。

 掌握數位電路的根本原理，有助於想出更好的點子。
突如其來的點子、想法……**只有人類才做得到，事先鍛鍊這樣的能力也非常重要。**

 原來如此。雖然不曉得未來會出現什麼樣的電子機器，但這些點子只有人類才想得出來！而實現這些點子的電路設計技術，也是因為有電腦的輔助，才有辦法這麼發達。

今天
謝謝你教我
這麼多東西!

而且還特地
送我回去。

不會啦。
我一個人在外面租
屋,剛好順路!

而且,
這是店長的命令!

啊──
店長生氣起來,
好像很恐怖⋯⋯

沒想到妳會這麼熱衷於學習，真不錯。

妳說妳喜歡拆解東西，一開始我還以為妳是個怪人……

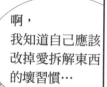

啊，我知道自己應該改掉愛拆解東西的壞習慣…

嗯……若店裡的商品被拆解，還挺傷腦筋的，但是……

妳不用改過來，沒有關係。

嗯？

啊……

第……第一次有人這樣對我說……

偉人不是都有類似的怪癖嗎？而且逆向工程也是……

拆解產品，研究構造。

前輩真體貼……我有點心動，怎麼辦？

高場前輩，好帥氣呀

——！！

> column
布林代數是什麼？

　　代數是用文字、符號來「代替數值」，研究方程式的解法。小學所學的一般代數，是十進數的四則運算，將未知數設為變數，寫出方程式以求解。

　　與之相對的**布林代數，僅有兩種數值**：「真」和「偽」、「0」和「1」，不以四則運算推導，而是以代數做**邏輯演算**。

　　邏輯演算是指AND、OR、NOT等演算法。

　　前文以邏輯閘的符號來表示演算法，而布林代數則是以類似數學符號的東西來表示。圖1為兩者相對應的表示法。

AND
$$Y = A \cdot B$$
$$A \wedge B$$
$$A \& B$$
$$A \cap B$$

OR
$$Y = A + B$$
$$A \vee B$$
$$A \mid B$$
$$A \cup B$$

NOT
$$Y = \overline{A}$$
$$Y = \tilde{A}$$

圖1　MIL 符號※和對應的布林式　　　　※於第2章解說。

　　AND是邏輯乘的演算，符號包含「・、∧、&、∩」；OR是邏輯加的演算，符號包含「＋、∨、｜、∪」。

　　本書使用標準的「・」和「＋」來表示，這和二進數的演算相似，**AND是乘法，OR是加法**。

例如……

AND
$$1 \cdot 0 = 0$$
乘法

OR
$$1 + 0 = 1$$
加法

49

$$Y = \overline{A \cdot B + \overline{C}}$$

圖2　電路和布林式的圖例

　　將圖2的電路用布林代數表示，寫成**布林式**，會變成圖2右邊的式子。布林式和一般的代數運算相同，**AND**（**邏輯乘**）的演算優先於**OR**（**邏輯加**）的演算，而**NOT**則是將上頁圖劃底線式子的**1**和**0**顛倒過來。

　　數位電路的運作和構成，用圖形來解說比較好理解，但若沒有空間畫圖，或是要用於電腦程式而必須寫進文字當中，寫成數學式比較便利，應使用布林式。

　　這種書寫方式，本書後文會稍微運用到。以電腦程式的硬體描述語言設計數位電路，也會用到布林式。

　　如同上述，**布林代數和數位電路有著密不可分的關係**。

　　布林代數是代數的一種，布林式可以變換形式。

　　例如第3章介紹的「**第摩根定律**（DeMorgan's Theorem）」，以布林式表示，會變成 $\overline{A \cdot B} = \overline{A} + \overline{B}$ 和 $\overline{A + B} = \overline{A} \cdot \overline{B}$。

　　第摩根定律指輸入的正負、及閘（AND）和或閘（OR）、輸出的正負，全部反過來所得的數學式，會和原本的數學式相等。

※及閘的頭是圓的；或閘的頭是尖的，將於 P.65 說明。

第摩根定律

$$\overline{A \cdot B} = \overline{A} + \overline{B}$$

$$\overline{A + B} = \overline{A} \cdot \overline{B}$$

　　布林代數包含交換律、結合律，以及其他法則。第 4 章將介紹的「化簡」，有些情況運用布林代數的基本法則，反而更容易轉換數學式。

　　布林代數是數位電路設計的理論基礎，大學的數位電路設計課程會教布林代數的基本法則，讓學生利用這些法則練習變化數學式，然而，對數位電路設計來說，這沒有太大的意義。

　　即使不瞭解布林代數的數學式變形，也能設計數位電路。當然，布林代數是很重要的記數法，也有人認為布林代數的世界「很有趣」，讀者可以想想看，本書介紹的設計法和布林代數之間有什麼樣的關係。

　　因為布林代數近似數學概念而討厭電路設計的讀者不用擔心，即使你有這種心結，讀完本書，你也可以設計數位電路。同樣地，「集合的概念」、「邏輯學」雖然和數位電路有關，但你不需要特別去學。

第2章

名詞解釋

- **類比電路**：處理連續電力訊號的電子電路。訊號的數值在一定範圍內變動，而且每個數值皆有意義。

- **數位電路**：處理離散訊號的電子電路。一般分為 H（High Level）和 L（Low Level），或者是 0 和 1 兩種訊號位準。超過一定的電壓（又稱為閾值、Threshold Level）為 H，比此電壓低者即為 L，因此，數位電路可以說是演算 L 和 H 數值的邏輯電路。

- **邏輯演算**：演算由 0 和 1 所組成的數值，邏輯乘（AND）、邏輯加（OR）、反轉（NOT）為邏輯演算主要的演算法則，邏輯演算的系統屬於布林代數。詳情請參照前面的 column。

- **74 系列**：數位電路的標準 IC，晶片中裝有基本的邏輯閘。本書解說的 7432 裝了四個或閘（OR Gate）；7480 裝了四個基本閘的及閘（AND Gate）；7404 則裝了六個反閘（NOT Gate），各個邏輯閘依照號碼配置接腳。不論是哪一家工廠製作的IC，都可相容。構造比較複雜的IC，包含第 4 章介紹的正反器（Flip-flop）、暫存器（Register），以及第 3 章介紹的多工器（Multiplexer）。早先都是購入這種標準的 IC，再安裝到已開洞的電路板，配線做成數位電路。然而，最近都改用第 1 章介紹的 FPGA（Field Programmable Gate Array），以前的標準 IC 已漸漸淘汰。

- **邏輯電路**：進行邏輯演算的數位電路稱為邏輯電路。其實，數位電路一般都只進行邏輯演算，所以可想成：邏輯電路＝數位電路。但為什麼會有邏輯電路和數位電路這兩種名詞呢？我們所說的邏輯電路，一般是指進行邏輯演算的電路，把焦點放在邏輯的部分。相對地，我們所說的數位電路，則是指探討電子電路的電力性質，但其實不用嚴格區分這兩者。

- **CMOS**：請參閱第 3 章的 column。

第3章

設計組合電路

▶ 多數決的數位電路

大家早安！
咦？

店長怎麼
不在？

啊……
店長星期日都會去
送訂單，今天只有
我們兩個人。

突然變成只有
我們！

緊張

緊張　緊張

對了，
這是店長的
留言。

原來是
這樣啊！

為了決定
要去哪一家店，
妳先學多數決的
數位電路吧♪
店長

決定要去哪家
店……是什麼
意思？

那是……

五藻現在
還是實習生……

我想那是指若我們正
式錄取妳，要在哪家
店舉辦歡迎會。

咦？
這……
怎麼好意思！
謝謝你們。

啊，但是……
「多數決的數位電路」
是什麼啊？

啊……
那是……

55

店長喜歡的店有兩家，一家是「日式料理」，另一家是「西餐」。

店長、五藻，還有我，三人用多數決來決定吃哪家店。

我們三人是輸入，「哪家店」是輸出的結果。
店長要我們設計這樣的電路。

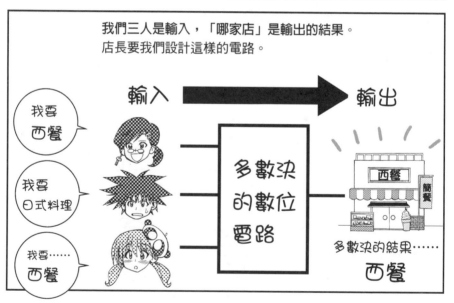

高場──

我……
不挑食，
哪家店都可以！

你們決定 你們決定

選店長和高場前輩喜歡的店吧！

不，
趁這個機會告訴妳。

為什麼沒有照我說的做？

那是店長的命令！
如果沒有照做，
就糟了……

知道了……
嘿嘿……

口巴

今天也請
多多指教！

用L和H做真值表

那麼……

當然是準備紙和筆！

設計數位電路，一開始需做什麼呢？

妳從那裡拿出來嗎？

實際上，設計數位電路，全部要用「L 和 H」來表示。

亦即，要把「日式料理」和「西餐」……

替換成L和H。

沒錯！怎麼假設都沒關係，例如……

日式料理是米飯的 L；西餐是漢堡排的 H。

真巧！剛好跟發音一樣※！哈……

L 日式料理　H 西餐

高場前輩……米飯的正確發音是 **rice**，不是 lace……

但是這樣說會當也很怪

※米飯的日文片假名發音開頭是 L（la），漢堡排是 H（ha）。

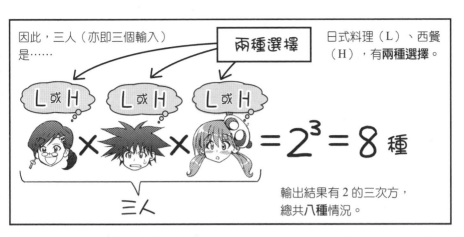

因此，三人（亦即三個輸入）是……

兩種選擇

日式料理（L）、西餐（H），有**兩種選擇**。

L或H × L或H × L或H = 2^3 = 8 種

三人

輸出結果有 2 的三次方，總共八種情況。

嗯，簡單來說，總共有幾種情況呢……

三人，是 2 的三次方；
四人，是 2 的四次方；
n 人，是 2 的 n 次方……
是這樣嗎？

沒錯！
輸出結果有八種情況，

我們寫出全部的組合吧。

寫

寫

妳看，像這樣畫出表格。

ABC 表示我們三人——三個輸入。

Z 表示結果的輸出。

C	B	A	Z
L	L	L	L

這代表我們三人都選擇日式料理（**L**），多數決的結果當然是 **L**。

嗯？

為什麼輸入的 ABC，要倒著寫成 **CBA** 呢？

啊……因為這樣寫，比較方便。

C	B	A	Z
L	L	L	L

對應二進數，讓 **A** 在**最後**，可以配合 74 系列 IC 做成的計算器。

不錯！這就是「**真值表**」。

C	B	A	Z
L	L	L	L
L	L	H	L
L	H	L	L
L	H	H	H
H	L	L	L
H	L	H	H
H	H	L	H
H	H	H	H

真值表代表……

嗯，這個表格我會畫。

畫 畫

八種情況都畫好了。

你看！

在表格中，標出所有可能情況的輸入與輸出！

指

啊……但是小學生也會畫這種表格吧？

他在模仿店長？

臉紅

這有什麼用嗎？

當然非常有用啊！

真值表是設計數位電路的基礎。

怎不搖了！

是嗎？

對！實際上，數位電路大概可以分成兩大類。

畫

畫

畫

畫

61

嗯……因為我還是沒有概念啊。

這些表格要怎麼轉變成電路符號呢？
像 AND 這種電路符號……

C	B	A	Z
L	L	L	L
L	L	H	L
L	H	L	L
L	H	H	H
H	L	L	L
H	L	H	L
H	H	L	H
H	H	H	H

嗯……

啊，抱歉！
我少講一些東西。

要根據真值表設計電路……

寫寫

MIL
符號

必須先認識
MIL 符號。

MIL……

牛奶？

下頁，神秘的 MIL 即將登場！又是一個難題！

MIL 符號是什麼？

MIL……

Milk……

是牛奶嗎？
好喝嗎？

立正！

美軍！
聽起來很厲害。

但是，
我認為自己並不適
合處理軍事機密！

不不不！
縮寫 MIL 是來自
Military（軍事）。

原本是用來表
示美軍的數位
電路。

不對，
這不是機密！

猶如新兵
訓練營

MIL 符號非常
簡單。

我們趕快來
學吧！

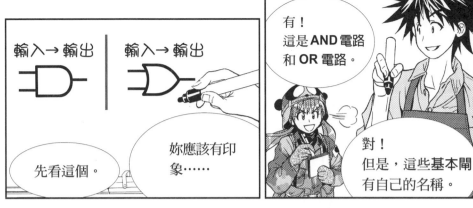
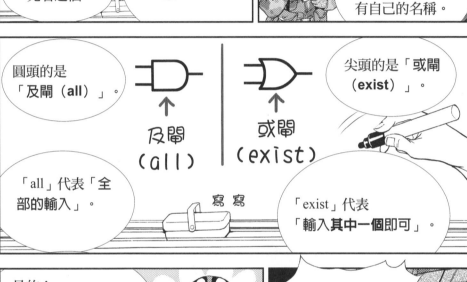

喔！

這真的要注意啊。

呼——這裡沒有敵人……

這些輸入、輸出的線，是用來傳輸 0 或 1（L 或 H）的數位訊號，

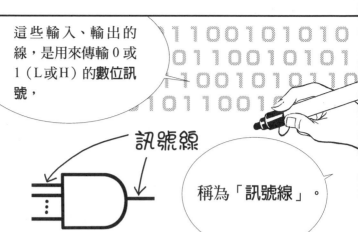

訊號線

稱為「訊號線」。

L 和 H 的訊號，也稱為位準（Level）。

數位訊號有「L 位準」和「H 位準」兩種。

L 位準

H 位準

※動畫「機動戰士鋼彈」的女士官角色。

及閘、或閘、訊號線、位準……

立正！

我都瞭解了！敬禮！

瑪蒂達長官※

她真是容易受動畫影響的軍事迷……

哈哈哈

67

激活L和激活H

接下來的說明有點複雜，妳要注意聽喔。

數位電路的輸入輸出，只有 L 位準和 H 位準。

所以，設計電路要以 L 還是 H 為判斷輸贏的基準呢？只能選擇一個喔。

嗯？
L 或 H？
我不清楚你在說什麼耶……

我舉個例子說明吧。

假設撲克牌遊戲的勝負沒有平手，只有「贏」和「輸」兩種。

而我們上班偷懶，玩了兩局遊戲。

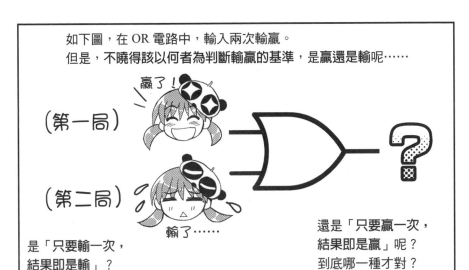

如下圖，在 OR 電路中，輸入兩次輸贏。
但是，不曉得該以何者為判斷輸贏的基準，是贏還是輸呢⋯⋯

（第一局）　贏了！

（第二局）　輸了⋯⋯

是「只要輸一次，
結果即是輸」？

還是「只要贏一次，
結果即是贏」呢？
到底哪一種才對？

啊，的確必須注意要以何者為判斷基準！

不能直接將「贏和輸」代換成「L 和 H」。

嘰喀

而且，要以 L 或以 H 為判斷基準，須用易懂的方式表示。

應以○來表示。

圓圈？

訊號線上有○，
表示以 L 為判斷基準。
訊號線上什麼都沒有標示，
表示以 H 為判斷基準。

喔——

69

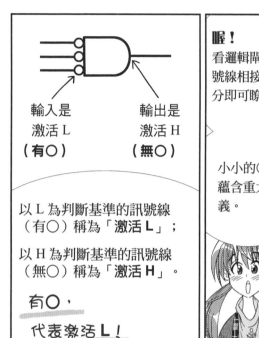

輸入是
激活 L
（有〇）

輸出是
激活 H
（無〇）

以 L 為判斷基準的訊號線（有〇）稱為「激活 L」；

以 H 為判斷基準的訊號線（無〇）稱為「激活 H」。

有〇，

代表激活 L！

喔！
看邏輯閘和訊號線相接的部分即可瞭解。

小小的〇，蘊含重大意義。

我舉其他具體的例子吧。

請仔細看以下的「輸入」、「輸出」、「邏輯閘」。

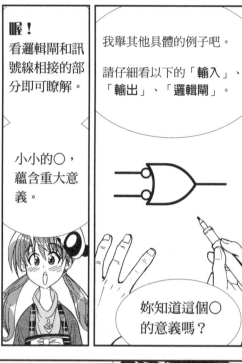

妳知道這個〇的意義嗎？

我看看……輸入有〇，是「激活 L」。

輸出沒有〇，是「激活 H」。

邏輯閘的頭是尖的，是「或閘」。

我知道了！這個符號表示「只要輸入有一個 L，輸出結果即是 H」。

喔！
由「輸入」、「輸出」、「邏輯閘」可知符號的含意。

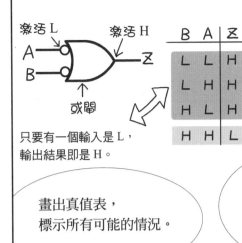

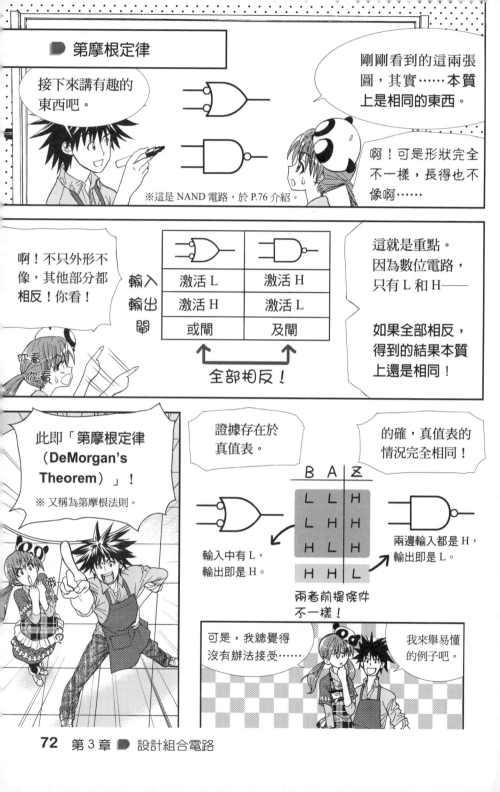

第摩根定律

接下來講有趣的東西吧。

剛剛看到的這兩張圖，其實……本質上是相同的東西。

啊！可是形狀完全不一樣，長得也不像啊……

※這是 NAND 電路，於 P.76 介紹。

啊！不只外形不像，其他部分都相反！你看！

你看！你看！

輸入	激活 L	激活 H
輸出	激活 H	激活 L
閘	或閘	及閘

全部相反！

這就是重點。因為數位電路，只有 L 和 H——

如果全部相反，得到的結果本質上還是相同！

此即「第摩根定律（DeMorgan's Theorem）」！

※ 又稱為第摩根法則。

證據存在於真值表。

的確，真值表的情況完全相同！

B	A	Z
L	L	H
L	H	H
H	L	H
H	H	L

輸入中有 L，輸出即是 H。

兩邊輸入都是 H，輸出即是 L。

兩者前提條件不一樣！

可是，我總覺得沒有辦法接受……

我來舉易懂的例子吧。

「AB 雙方都是 H，輸出即是 H」

「AB 其中一方是 L，輸出即是 L。」

激活 H　　↑　激活 H
　　　及閘

激活 L　　↑　激活 L
　　　或閘

這兩張符號
左右完全相反，
我用這個來說明吧！

完全相反！

例如，
五藻未來的目標
是成為唱跳歌手。

喀嗒

啊？

參加歌手評選會，
必須接受：

「A：唱歌測試」和
「B：舞蹈測試」。

將 L 和 H 換成
「不合格、合格」……

73

左邊的符號代表：
「唱歌和跳舞都合格，結果即是合格。」

右邊的符號代表：
「唱歌和跳舞中有一項不合格，結果即是不合格。」

這就是第摩根定律。

啊………如此一來，左右兩邊的意思一樣！

很好理解嘛。

但是……
我還有問題。

既然本質上相同，為什麼不把兩種圖統整成一種？這樣不是比較便利嗎？

那樣做不好喔……
五藻，下面這兩句，妳認為是一樣的句子嗎？

嗯——

「唱歌和跳舞都合格，結果即是合格。」

「唱歌和跳舞中有一項不合格，結果即是不合格。」

嗯？本質一樣，語氣卻不同，這是……

其中一項沒過，我就不合格。

兩個都過，我就合格。

沒錯！

雖然本質相同，但是表達的方式不同。

原來如此！
簡單的符號卻包含設計者想傳達的思念。

電路設計者會將自己的想法如實傳達給他人。

雖然本質相同，但將兩種符號分開使用，即能確實「表達出設計者的想法」。

傳達吧，這份思念！
在符號的盡頭☆

喔……
好像真的歌手。

不……
不好意思。

銳利！

▆ 用MIL符號統整基本邏輯閘

最後，來統整一下吧。
簡單地說，MIL 符號只有四個。

及閘	或閘
激活 L	沒有邏輯上的意義，只是表示訊號往前輸送。

將這些符號排列組合，
能做出各種電路，

常見的電路，
在下一頁介紹。

〈用 MIL 符號統整基本邏輯閘〉

為了讓例子容易瞭解，只設定兩個輸入。

	輸入是激活 H	輸入是激活 L
AND B A Z L L L L H L H L L H H H	此真值表有兩種表示方式。 （i）AB 都是 H，輸出為 H。 輸入：激活 H　　輸出：激活 H 邏輯閘：及閘	（ii）AB 其中一方為 L，輸出為 L。 輸入：激活 L　　輸出：激活 L 邏輯閘：或閘
OR B A Z L L L L H H H L H H H H	和 AND 一樣，有兩種表示方式。 （i）AB 其中一方為 H，輸出為 H。 輸入：激活 H　　輸出：激活 H 邏輯閘：或閘	（ii）AB 都是 L，輸出為 L。 輸入：激活 L　　輸出：激活 L 邏輯閘：及閘
NOT A Z L H H L	（i）輸入為 H，輸出為 L。	（ii）輸入為 L，輸出為 H。
NAND B A Z L L H L H H H L H H H L	（i）AB 都是 H，輸出為 L。 輸入：激活 H　　輸出：激活 L 邏輯閘：及閘	（ii）AB 其中一方為 L，輸出為 H。 輸入：激活 L　　輸出：激活 H 邏輯閘：或閘
NOR B A Z L L H L H L H L L H H L	（i）AB 其中一方為 H，輸出為 L。 輸入：激活 H　　輸出：激活 L 邏輯閘：或閘	（ii）AB 都是 L，輸出為 H。 輸入：激活 L　　輸出：激活 H 邏輯閘：及閘

喔！
還有別的電路啊，
NAND電路、**NOR**電路。
知道 MIL 符號的概念，
自然能理解它們的含意。

還有，交換這張表的左右邊，就是「第摩根定律」，請記下來！

好。
意指兩個完全顛倒過來，
但本質相同！

兩者都是 AND 電路

這是黑白顛倒的胖哦

沒問題吧？

嗯，如上圖，
不管是左邊的符號，
還是右邊的符號，
都是 AND 電路。

好像有點超出範圍。
到目前為止，妳有不清楚的地方嗎？

今天完全沒有客人來光顧⋯⋯這樣下去沒有問題嗎？

空無一

啊，
現在這個時期比較清閒。

對應真值表的電路（加法標準式的設計步驟）

> **STEP 1**　將真值表輸出為 **H** 的情況劃底線。
> 　　　　　　將其中一種情形，表示成 **AND**。

開始吧。L代表日式料理，H代表西餐。

以「是不是選擇西餐H」為判斷基準，替真值表的輸出（結果）是H的情況劃底線。

C	B	A	Z	
L	L	L	L	
L	L	H	L	
L	H	L	L	
L	H	H	H	①
H	L	L	L	
H	L	H	H	②
H	H	L	H	③
H	H	H	H	④

好！輸出是**H**的有①②③④，共四個。

接下來，先考慮①的情況。

①是「**A和B選擇西餐H；C選擇日式料理L。**」

將這情況表示成及閘（AND），如下圖：

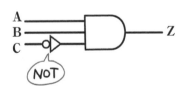

因為只有C選擇日式料理，所以只有**C**要加上**NOT**。

使用**NOT**就能夠表示「選擇**L**」的情況。

②的情況像下圖一樣吧？

「**A和C選擇西餐H，B選擇日式料理L**」。

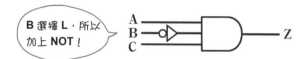

 沒錯！把①～④的四種情況都畫成符號，即能表示這四種的「**結果都是西餐H**」。

 好，但是……四個符號都長得不一樣耶，雖然這麼做不是不行……但全部都不一樣，不好吧……該怎麼辦呢？

 的確不太好。要將所有情形，**包含於一個符號**，需要運用一些技巧，我們現在先將它的**架構圖**畫出來吧。

> **STEP 2** 　畫出包含「輸入線」和「經由 NOT 的輸入線」的架構圖。

表示「**選擇L的情況**」，會在輸入線加上NOT，

 將「**經由NOT的輸入線**」畫入架構圖，之後作圖會比較方便。

如同下圖，若「**選擇H**」，連接普通的「**輸入線**」即可；若「**選擇L**」，則應連接「**經由NOT的輸入線**」。

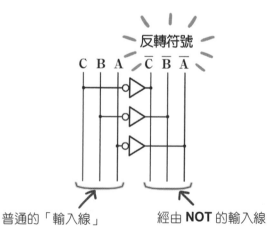

喔⋯⋯有這樣的架構圖，我們就能簡單地畫電路圖，
但這個反轉符號是什麼呢？

如同「反轉」的意思，**A**的**NOT**即是$\overline{A}$。
對應情形如下圖所示，「**A**的**L**輸入」對應「$\overline{A}$的**H**輸入」。

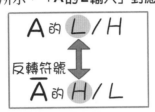

嗯，也就是說，A選擇日式料理L可以表示成「$\overline{A}$的H輸入」，所以
需要連接「經由**NOT**的輸入線」⋯⋯我瞭解了！

> **STEP 3**　若輸入是 L 位準，即從「經由 NOT 的輸入線」拉出線，連接到 AND 的輸入端；若輸入是H位準，則直接從原本的輸入線拉出線，連接 AND 的輸入端。

接下來，請利用這個架構圖，將所有的可能情況畫上去吧。

若輸入是**L**位準，從「經由**NOT**的輸入線」拉出線，連接到AND的
輸入端。
若輸入是**H**位準，直接從「原本的輸入線」拉出線，連接到AND的
輸入端。

我試試看⋯⋯①的情形⋯⋯

「A和B都選擇西餐H，C選擇日式料理L」，所以A和B從原本的
輸入線拉出線；只有C從經由**NOT**的輸入線（反轉符號）拉出線，
接著再將這些線連接到AND的輸入端⋯⋯

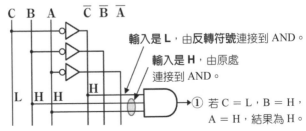

輸入是 **L**，由反轉符號連接到 AND。

輸入是 **H**，由原處連接到 AND。

① 若 C = L，B = H，A = H，結果為 H。

將①～④都畫出來⋯⋯即如下頁圖所示。

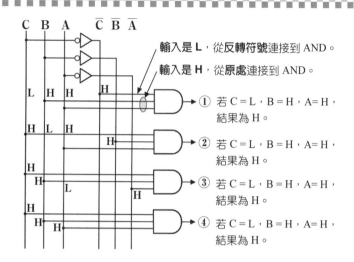

輸入是 **L**，從反轉符號連接到 AND。

輸入是 **H**，從原處連接到 AND。

① 若 C = L，B = H，A = H，
結果為 H。

② 若 C = L，B = H，A = H，
結果為 H。

③ 若 C = L，B = H，A = H，
結果為 H。

④ 若 C = L，B = H，A = H，
結果為 H。

STEP 4 將 AND 的所有輸出，連接到 OR 的輸入端，即大功告成。

最後收尾！到目前為止，我們已畫出四個AND，但最後我們想知道的結果是「**是不是選擇西餐？**」，而且①～④的情況都是選擇西餐，所以最後將這四個 **AND** 的輸出，全部連接到 **OR** 的輸入端即可。

看下圖！我一口氣全數連接！

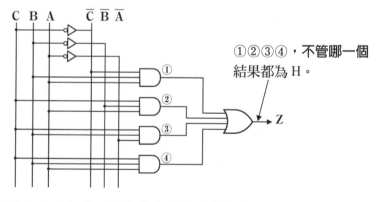

①②③④，不管哪一個結果都為 H。

Z

辛苦了！大功告成。這就是直接將「真值表」轉換成電路的方法——加法標準式的設計。

理解這個觀念，不管是什麼樣的組合電路都能設計出來喔。

83

嗯？

高場前輩。

我……
我會努力學習，得到正式錄取的！

高場前輩這麼親切地教我，下次換我來幫你吧……

我希望能幫到這家店。

我的工作慾旺盛！希望為這家店過勞死！喜歡被拆解的機器包圍！我……那個……這個……

緊張

緊張

緊張

春天快到了，妳不用那麼努力，還是會被錄取喔。

因為春天……

啊！春天會有很多大學新生、社會新鮮人，所以二手商店會很忙吧！

客人絡繹不絕！生意興隆！

啊……
嗯，沒錯……

CMOS 是什麼？

西摩斯 **CMOS**（Complementary Metal Oxide Semiconductor）屬於數位
IC，我們常用的電器幾乎都有用這種IC。

電腦、遊戲機、智慧型手機、數位相機、收音機、印表機、隨身聽等，
這些 **3C 產品的核心**即由 CMOS 數位 IC 組成，冷氣、微波爐等家電，內部
也有 CMOS 數位 IC，其實最近生產的**汽車**也大量使用 CMOS 數位 IC。

許多產品皆用 CMOS

舉隨身聽為例，音樂的訊號經過轉換，最後會經由類比電路讓耳機發
出聲音。而儲存音樂的儲存電路（記憶元件），則使用了與 CMOS 稍微不
同的數位IC。

其他的部分，例如音樂的管理、將音樂訊號壓縮儲存到記憶體、從記
憶體讀取訊號並轉換成有聲的音樂訊號……都必須使用 CMOS 的數位 IC。
不只這些小型的資訊產品，大型的資訊產品，例如**超級電腦**、雲端運算的
伺服器，也都需要 CMOS 數位 IC。

最近，電腦使用的 IC 有很多種，包括：高速但很耗電且易發熱的 IC、
運作不快但低耗電的 IC、穩定性高的 IC、便宜的 IC，而它們全都運用了
CMOS 電路。順帶一提，有一種影像感測器也稱為 CMOS，此感測器內部
運用 CMOS 電路，因此直接命名為 CMOS 影像感測器。

CMOS是由**nMOS-FET**、**pMOS-FET**兩種**電晶體**組成。MOS-FET是電晶體的一種，但和類比電路使用的電晶體不同，**功能比較接近於開關**。

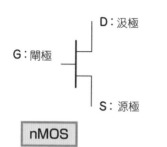

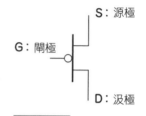

nMOS

若 **G = H**，則為 **ON**，S 和 D 連接
若 **G = L**，則為 **OFF**，S 和 D 切斷

pMOS

若 **G = H**，則為 **ON**，S 和 D 連接
若 **G = L**，則為 **OFF**，S 和 D 切斷

圖 1　nMOS 和 pMOS 的運作簡圖

圖 1 是表示nMOS和pMOS的符號，有三個端點：**閘極（G：Gate）**、**源極（S：Source）**、**汲極（D：Drain）**，利用**G**的電壓高低來控制**S**和**D之間為ON或OFF**。

令電源的位準為H（高位準），地面的位準為L（低位準）。若nMOS的G＝H，S和D之間為ON；若G＝L，S和D之間為OFF。ON表示兩者相通；OFF表示切斷。

pMOS的情況則相反：若G＝L，S和D之間為ON；若G＝H，S和D之間為OFF。

以nMOS和pMOS兩種運作方式相反的電晶體，組成的電路稱為「Complementary（**互補式**）MOS」。接下來，我來介紹CMOS常見的電路構造：由nMOS和pMOS共用閘極，若一方為ON，另一方即是OFF。若nMOS是用串聯連接，pMOS要用並聯連接；若nMOS用並聯連接，pMOS要用串聯連接。

請看下一頁的圖 2。這個例子由**兩個nMOS的串聯**（Qn1 和Qn2）和**兩個 pMOS 的並聯**（Qp1 和Qp2）組成。輸入 A 和輸入 B 各自連接 nMOS 和pMOS，中央的 Z 則為輸出。

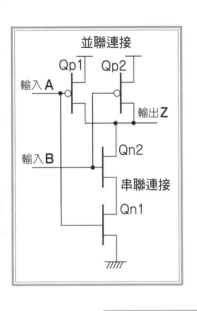

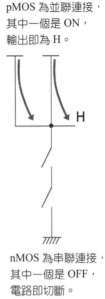

pMOS 為並聯連接，
其中一個是 ON，
輸出即為 H。

H

nMOS 為串聯連接，
其中一個是 OFF，
電路即切斷。

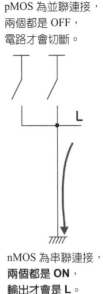

pMOS 為並聯連接，
兩個都是 OFF，
電路才會切斷。

L

nMOS 為串聯連接，
兩個都是 ON，
輸出才會是 L。

圖2　CMOS 的 NAND 邏輯閘

　　若輸入A和B其中一個或兩者皆為L，pMOS是ON，Z會和上側的電源連接。此時，串聯連接的nMOS，其中一個或兩者皆為OFF，電路為切斷狀態，**輸出結果為H。**

　　若輸入A和B都是H，兩個nMOS都是ON，兩個pMOS都是OFF，Z會和地面連接，**輸出結果為L。**此運作情形符合本章所介紹的NAND邏輯閘。**藉由改變串聯並聯的組合方式，我們能做出各種功能的邏輯電路。**

　　CMOS 是組合不同的串聯與並聯所做成的系統化數位電路，它內部的電路必定有部分會是切斷狀態，因此具有電力低消耗的優點。需用兩種電晶體的 CMOS，和只需要 nMOS 或 pMOS 的單種電晶體 IC 相比，發展較為緩慢，然而 1970 年代後半開始，隨著半導體微加工技術的進步，CMOS極速成長。

　　曾經，科學家預測電晶體的整合度每年會以 1.5 倍的速率成長（**摩爾定律** Moore's Law），同時，CMOS 的運作速度、電力消耗都會有大幅度改善，然而最近的發展速度有些減緩，有人開始質疑CMOS的速度已達極限，但整體而言，CMOS 還是會持續發展。

MOS-FET 的運作原理

CMOS的C代表Complementary（互補的）。現在我們要來解釋，什麼是**MOS-FET**（Metal Oxide Semiconductor Field Effect Transistor）。

圖 3 是nMOS-FET的截面圖，使用的半導體為**n型**和**p型**。

n型半導體含有大量帶負電的電子；p型半導體含有大量帶正電的電洞（Hole）。nMOS的基體（**Substrate**）是 p 型半導體，含有大量的電洞，連接到地面（0 V）。內部有兩個獨立的 n 型擴散層，各自接上電極**S**（**源極Source**）和**D**（**汲極Drain**）。

S和D之間的空隙，裝有矽做成的導體（稱為**多晶矽**Polysilicon，當作金屬使用），稱為**G**（**閘極Gate**）。閘極的下方有一層非常薄的氧化膜（二氧化矽），閘極與基體**絕緣**（阻斷電流）。此圖中，S接地（0 V），D先接上電阻，再接上電源。然而，**當G的電位是 0 V**，S和D會因為p型基體的阻絕，沒有電流通過，此即圖 3 的狀態：**S和D之間切斷，亦即OFF**。

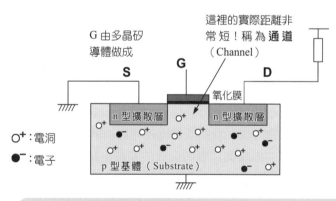

- G 和 p 型基體之間，利用氧化膜絕緣。
- S 和 D 之間，利用 p 型基體絕緣→**OFF**。
- p 型半導體含有大量電洞，而這裡的 p 型基體**摻雜一些**沒有和電洞結合的電子。此為重點！

圖 3　nMOS 電晶體的構造（OFF 狀態）

　　接下來，請看下面的圖4。將**G**接上高位準（幾近電源的高電壓），會發生神奇的事情。

　　其實基體的p型半導體擁有特殊功能。p型半導體含有大量電洞，若摻入一些不純物——電子，圖中帶負電的電子會被G的正電場吸引，聚集在G下方非常薄的絕緣膜（氧化膜）附近。

　　此時，**S**和**D**之間非常狹窄的空間（又稱為**通道**），因為電子聚集而帶有n型半導體的特性，稱為**反轉層**。

　　S和**D**藉由反轉層連接在一起，使電流流通，讓CMOS變成**ON**狀態。

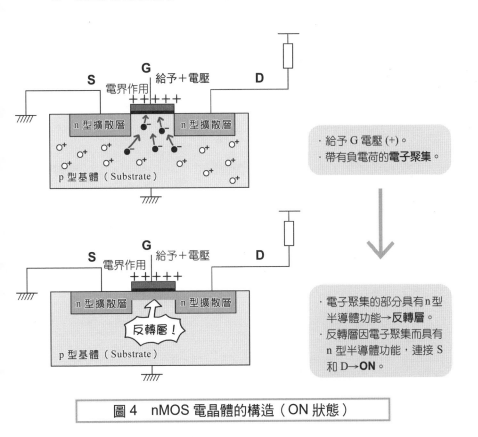

圖4　nMOS 電晶體的構造（ON 狀態）

利用閘極下方的電場，控制**S**和**D**之間為**ON**或**OFF**，這種電晶體稱為**FET**（Field Effect Transistor，場效電晶體）。

其中，多晶矽當作閘極金屬（Metal）、二氧化矽當作絕緣膜（Oxide）、矽當作半導體（Semiconductor）的電晶體，又稱為**MOS-FET**。

pMOS的運作原理和nMOS完全相同，內部的n型和p型半導體互換，基體接上電源G = 0 V，狀態為ON；若G＝電源電壓，狀態變成OFF。

MOS-FET最大的特色是，**MOS**越小，效能越高。

第一，將MOS做得越小，內部的通道越短，S和D之間的距離也越短，如此一來，便能加快運作速率。第二，反轉層只需低電壓，即可形成通道，而可降低電源電壓。電力消耗和電源電壓的平方成正比，降低電壓，電源消耗也會降低。而且，做得越小即能增加IC晶片的電晶體搭載數，電晶體的性能、電力消耗、整合度都能大幅度改善。

這就是所謂的**半導體縮放法則**（Scaling Law）。

IC製程所能加工的最小單位為**製程尺寸**（Process Size），是製程加工的標準。加工尺寸越小，IC製作技術越進步，2013年最新製程技術的尺寸為 28nm（nm：10 的負九次方公尺）。

● **多數決電路**：輸入的位準當中，數量最多的位準決定輸出的電路，本章以有三個輸入的多數決電路為例。重複三個相同的電路，將這三個電路各自接到多數決電路的輸入端，即使其中一個電路出現問題，輸出錯誤的結果，只要另外兩個電路正常運作，最後便會得到正確的輸出結果。此高可靠度的電路，稱為三次模組冗餘系統（Triple Modular Redundant，TMR）。

● **真值表**：將所有輸入輸出的可能組合畫成表格，是表示組合電路功能的基本方法。缺點為：輸入越多，表格越大，越不容易讀懂。

● **組合電路**：僅由輸入的組合決定輸出結果的數位電路。與此相對，由當下的狀態和輸入來決定輸出結果的電路，稱為順序電路。本書會在第 3 章、第 4 章介紹組合電路；在第 5 章介紹順序電路。

● **MIL 符號**：畫邏輯電路的電路圖所用的符號。由美軍標準規格（Military Standard）衍生而來，又稱為 MIL 邏輯符號。

● **基本邏輯閘**：邏輯電路中，經常使用的基本閘。本書介紹的基本邏輯閘有 AND（及 閘）、OR（或 閘）、NOT（反 轉、反 向）、NAND、NOR，有人認為應該加入 Exclusive-OR（互斥或閘）。

● **第摩根定律（法則）**：將輸入輸出的激活 L、激活 H、及閘和或閘互換，所得的新電路會和原本的電路功能相同。寫成布林式即為 $\overline{A \cdot B} = \overline{A} + \overline{B}$，或是 $\overline{A + B} = \overline{A} \cdot \overline{B}$。

● **加法標準式**：輸入訊號和輸入訊號的否定形連接到 AND，再將各個 AND 的輸出訊號連接到 OR 電路，所對應的邏輯式稱為加法標準式。本章介紹的多數決電路，加法標準式是 $\overline{A} \cdot B \cdot C + A \cdot \overline{B} \cdot C + A \cdot B \cdot \overline{C} + A \cdot B \cdot C$。與此相對，一開始輸入訊號連接到 OR，再將各個 OR 的輸出訊號連接到 AND 電路，所對應的邏輯式稱為乘法標準式。本書只介紹加法標準式，但這兩種標準式皆可藉由第摩根定律轉換。

第4章
化簡電路

嗯?

嗯~~~

啊!
完了……

咦?
我有畫錯嗎?

沒有,這電路圖沒有錯,
但是……
有太多**不必要**的設計。

實際上,必須
進一步化簡。

啊!
怎……怎麼會……
我都把它當作我的
護身符了,竟然還
有問題……

失落!

抱歉!
**只用前幾天
教的方法**來畫,
很容易出現
不必要的設計……

不必這麼氣餒,
我們再來討論一下吧。

我們用三人的多數決,決
定要吃日式料理還是西餐。

假設,我和五藻兩人都
選擇「西餐」,
剩下來的一人,高場的意見
會變得不重要。

西餐

?

西餐

多數決
數位
電路

兩人的意見
就能決定……

西餐

西餐

三人中若有兩個人意見相同,即可得**多數決**的結果。

的確,不管高場前輩怎麼無理取鬧,結果還是西餐。

五藤,我有聽見喔。

我才不會那麼沒教養。

神氣

嗯嗯

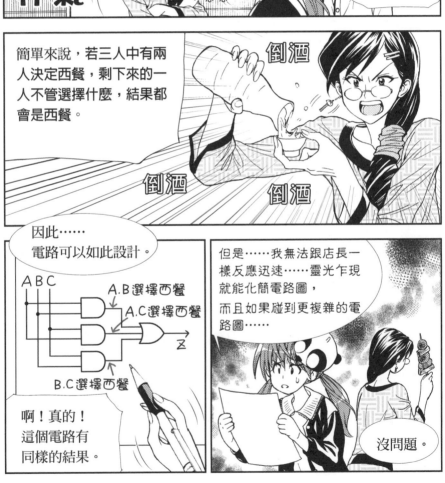

簡單來說,若三人中有兩人決定西餐,剩下來的一人不管選擇什麼,結果都會是西餐。

倒酒

倒酒

倒酒

因此……
電路可以如此設計。

A B C

A.B選擇西餐
A.C選擇西餐
z
B.C選擇西餐

啊!真的!這個電路有同樣的結果。

但是……我無法跟店長一樣反應迅速……靈光乍現就能化簡電路圖,而且如果碰到更複雜的電路圖……

沒問題。

我們有一套
化簡電路的方法。
只要學會這個步驟，任何人
都可以設計化簡的電路。

呼～

這烤雞串
真棒

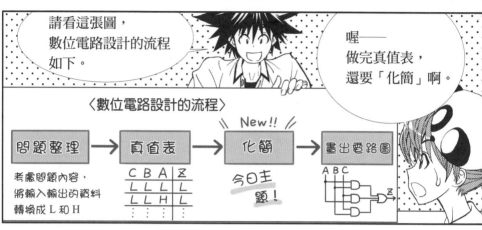

請看這張圖，
數位電路設計的流程
如下。

喔——
做完真值表，
還要「化簡」啊。

〈數位電路設計的流程〉

New!!

| 問題整理 | → | 真值表 | → | 化簡 | → | 畫出電路圖 |

考慮問題內容，
將輸入輸出的資料
轉換成 L 和 H

C	B	A	Z
L	L	L	L
L	L	H	L
:	:	:	:

今日主
題！

A B C

Z

化簡的方法有
很多種，

比較容易瞭解、
使用的是「卡諾
圖」。

沒錯！在畫電路圖之前，
要先化簡。
之前我沒有講的就是這個部分。

上腹肉
真棒……

哇，店長妳太奸
詐了，都挑好吃
的部分！

沙朗牛排
配松露

？

真棒

咀嚼

咀嚼

卡諾圖？

卡諾圖的讀法

卡諾圖
是什麼？

卡諾圖是將
真值表畫成
二維的表格。

二維的表格？

我完全
不瞭解……

傷心

妳已正式錄取，
今天開始斯巴達
訓練吧！

舉例來說，這張表格
是由縱向和橫向構成。

這樣的表格，
稱為「二維表格」。

品名\月	電視機	電冰箱
1月	6台	4台
2月	8台	5台

這是我們店的銷售數字喔♪

啊，我瞭解了！卡諾
圖是直行、橫列所構
成的表格。

沒錯！
若有三個輸入（ABC），
卡諾圖可以選橫式，也可
選直式的表格。

有三個輸入的卡諾圖（橫式）

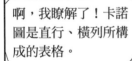輸入B　輸入A

C\BA	00	01	11	10
輸入C 0			1	
1				

表示：若 $A = 1$、$B = 1$、
$C = 0$，輸出 $= 1$。

有三個輸入的卡諾圖（直式）

輸入A

CB\A	0	1
00		
01		1
11		
10		

輸入C　輸入B

表示：若
$A = 1$、$B = 1$、
$C = 0$，
輸出 $= 1$。

為了讓卡諾圖更容易看懂，許多人會把「L和H」換成「0和1」。

表格縱向、橫向的第一排表示輸入，中間的空格則表示輸出。

沒錯！
若是輸入有四個（**ABCD**），表格如右。

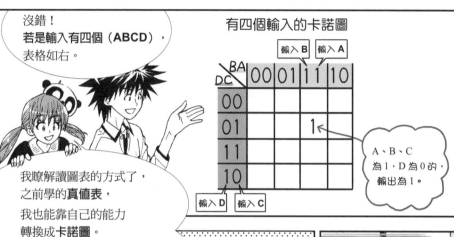

有四個輸入的卡諾圖

DC＼BA	00	01	11	10
00				
01			1	
11				
10				

輸入 B　輸入 A

輸入 D　輸入 C

A、B、C為1，D為0的，輸出為1。

我瞭解解讀圖表的方式了，之前學的**真值表**，我也能靠自己的能力轉換成**卡諾圖**。

等我一下……圖表會像下圖！

C	B	A	Z
L	L	L	L
L	L	H	L
L	H	L	L
L	H	H	H
H	L	L	L
H	L	H	H
H	H	L	H
H	H	H	H

（參照 P.79）

C＼BA	00	01	11	10
0	0	0	1	0
1	0	1	1	1

※令H為1，L為0。

沒錯！完美！

抱歉，讓你們久等了！

99

為什麼會變成這樣呢？
這是因為卡諾圖的縱向、橫向，
都是以一個位元（一位數）為增減單位。

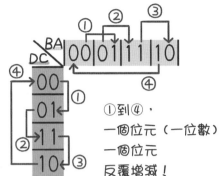

所以，卡諾圖的
上下、左右是連
續的。

轉

轉

①到④，
一個位元（一位數）
一個位元
反覆增減！

我大概可以理解……

但是，左右、上下
連結在一起，很重
要嗎？

?

非常重要喔！

實際學會卡諾圖的
化簡步驟，妳就會
瞭解。

在開始學習之前，
先吃美食吧！

好～的！
香烤竹莢魚～♪

呼～
香烤竹莢魚，
真棒……

真棒♡

圈選 1 的群組

 我來介紹卡諾圖的化簡步驟。
重點就是「1 群組」的圈選方式！

 妳是說……圈選嗎？

以剛剛妳畫的卡諾圖（參考 P.99）為例，找出裡面所有的 1。
在卡諾圖中，**相鄰的 1** 可以當作一個「**群組**」處理，如下圖：

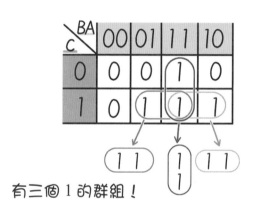

有三個 1 的群組！

 嗯……此情況要表示成三個群組嗎？

 沒錯！令人驚訝的是，這樣做有很多好處，**每個群組只需要各自對應一個及閘（AND 電路）**！

 ………啊？

 妳好像無法理解好處是什麼，五藻，想想我之前教的方法 ——
把每個 1 都分開看，會需要比較多的及閘（AND 電路）。

原來如此！我知道好處是什麼了。

圈選出群組，能夠減少邏輯閘的數量，化簡電路。

猶如「把團體的客人帶到一個包廂，比較方便服務！」

AND的包廂

團體

請各位
一起使用
這包廂。

沒錯。我來詳盡說明吧。

舉例來說，請圈選出下圖的 1 群組。

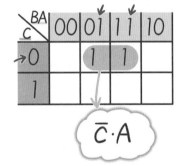

共通點：A 皆為 1

共通點：
C 皆為 0

$\bar{C} \cdot A$

這個群組的共通點是「**A = 1**」、「**C = 0**」，

所以這個群組表示成「**C̄ · A**」。

喔！

「因為是 **0**（**L**），所以標上**反轉記號**。」

舉其他的例子吧。

如下圖，群組的共通點是「$B = 0$」，

所以……

共通點是 $B = 0$。

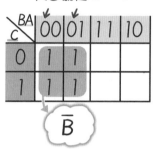

$\overline{B}$

這個群組表示成「$\overline{B}$」。

沒錯。接下來，讓我們回到剛剛提到的多數決卡諾圖吧（參照 P. 102）。這三個群組如何表示呢？

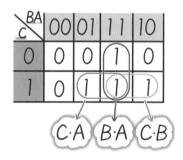

$C \cdot A$　$B \cdot A$　$C \cdot B$

嗯……讓我思考一下，應該是「$C \cdot A$」、「$B \cdot A$」、「$C \cdot B$」！

沒錯！進行到這邊，只剩下畫電路圖。

步驟如下一頁所示：

步驟：先圈選群組，再畫電路圖

- 首先，畫出先前教的架構圖（P.80）。

- 讓每個群組，對應到一個 **AND**。若標有反轉記號，由「經由 NOT 的輸入線」拉出線；若沒有，直接從普通的「輸入線」拉出線，連接到 AND 的輸入端。

- 最後，將所有 AND 的輸出，連接到 OR 的輸入。

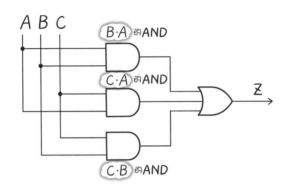

化簡的多數決數位電路

完成！這次沒有出現反轉記號。
和店長一開始畫的電路圖一模一樣（參照P.96）。

沒錯。**掌握步驟，妳自己就能利用卡諾圖來化簡電路，不用靠靈光乍現。**

嗯。卡諾圖真的很方便。
如果二手商店的經營，可以不用靠靈光乍現或直覺就好了……

我們的店是靠靈光乍現來經營的嗎？

圈選的注意事項

 我有疑問……

 嗯？是對我的經營能力？還是對我的戀愛觀？

 店長，妳喝醉了……都不是啦，我想問的是「圈選」的問題……
剛剛的圖中，如果**直接將相鄰的三個 1**，圈選成一個群組，不是更方便嗎？

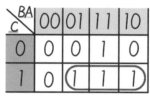

相鄰的三個 1

 啊，絕對不能那樣做！
使用卡諾圖化簡，須遵守以下原則。

> ┄┄┄┄┄┄┄ **使用卡諾圖化簡的原則** ┄┄┄┄┄┄┄
>
> ★ 群組圈選的形狀，**長寬只能是 1、2、4 的長方形**（或正方形）。
> ★ 群組間有**重複圈選，會比較好**。
> ★ 群組的**數量越少越好**，圈選的範圍越大越好。

我知道為什麼不行一次圈選三個 1。

因為三個女生一起出去旅行，氣氛很容易鬧僵⋯⋯呵呵呵⋯⋯

她很
任性耶～

我想要
吃那個～

 真討厭的情況！

 回想一下香烤竹莢魚吧。

如下圖所示，左右、上下的邊緣部分都可以圈選成群組，就像剖半的竹莢魚，邊緣可以重新接合起來。

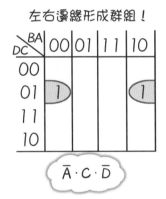

左右邊緣形成群組！

BA DC	00	01	11	10
00				
01	1			1
11				
10				

$\overline{A} \cdot C \cdot \overline{D}$

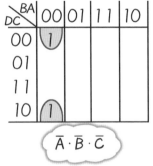

上下邊緣形成群組！

BA DC	00	01	11	10
00	1			
01				
11				
10	1			

$\overline{A} \cdot \overline{B} \cdot \overline{C}$

 原來如此！

所以店長才強調邊緣是「連續的」。

我向香烤竹莢魚發誓，一定會好好記住！

 怎麼樣也「無法圈選」的卡諾圖，表示此圖「無法再化簡」，請記起來。

▶ 加入中華料理呢？如果人數增加呢？

我們完成了「三人選擇日式料理或西餐」的多數決電路。
接下來，增加問題的困難度吧，在選擇裡加入「中華料理」選項。
三人選擇「日式料理、西餐還是中華料理？」。如此一來，電路會
變得如何呢♪

呵呵，餃子、麻婆豆腐、乾燒蝦仁……啊，青椒炒肉絲……
這些胖啵都很喜歡。

哇……五藻開始逃避現實了！
日式料理和西餐兩個選項，在數位電路中可以用「L 和 H」表示。

而三選一的選擇也有適合的表示方式，需利用二位訊號的排列來表
示。例如：令日式料理＝LL、西餐＝LH、中華料理＝HL。

（日式料理）　（西餐）　（中華料理）

沒錯！輸入的訊號線有 **2 條×3 人＝6 條**，而輸出的訊號線則變成
兩條。示意圖如下。

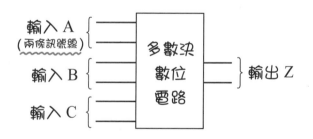

輸入 A
（兩條訊號線）

輸入 B

輸入 C

多數決
數位
電路

輸出 Z

原來如此，如此一來，的確只用 **L** 和 **H** 也能表示三種選擇（日式料理、西餐、中華料理）。

這方法稱為「**編碼化**」。將這樣的編碼排列成真值表，即如下表所示。

C_2C_1	B_2B_1	A_2A_1	Z_2Z_1
L L	L L	L L	L L
L L	L L	L H	L L
L L	L H	L L	L L
L L	L H	L H	L H
L H	L L	L L	L L
L H	L L	L H	L H
L H	L H	L L	L L
L H	L H	L H	L H
L L	L L	H L	L L
L L	H L	L L	L L
L L	H L	H L	H L
H L	L L	L L	L L
H L	L L	H L	H L
H L	H L	L L	H L
H L	H L	H L	H L
L H	L H	H L	L H
L H	H L	L H	L H
L H	H L	H L	H L
H L	L H	L H	L H
H L	L H	H L	H L
H L	H L	L H	H L
L L	L H	H L	H L
L H	L L	H L	H L
H L	L H	L L	L L
L H	H L	L L	L L
H L	L L	L H	L H
L L	H L	L H	L H

← A 選擇西餐，但另外兩人選擇日式料理。

這是所有人選擇都不同的情況。
※此處，**A** 優先。

加入中華料理選項的真值表

哇！輸入的排列組合增加，圖表變好大張……真可怕……

在這樣的情況下，會出現「**如果每個人的選擇都不一樣，怎麼辦？**」的問題。在這個例子中，我們預設A的選擇較優先，**事先預設條件**。

 這個A當然是指店長。如果其他人意見分歧，即強行依照店長的選擇。

 沒錯。如此大張的圖表，也能用之前學的方法變換成電路啊。雖然需要用到的邏輯閘數量增加很多，但一般來說，處理大量邏輯閘的麻煩事，我們會交由CAD代勞，不用擔心。

 這裡也用到CAD！真可靠。

 嗯。看到如此複雜的圖表、如此龐大的電路，會讓人心生畏懼，但現在都已改成**系統化設計**，妳不用怕。

我多說一點吧。剛剛只有我們三人的「三個輸入」，**如果人數增加，圖表會變得如何**？卡諾圖還能用嗎？

 我想想……如果變成四個輸入（ABCD），剛剛的卡諾圖規模擴大……會變成怎麼樣呢？

 嗯。**四個輸入還能用二維處理，但五個以上的輸入，需要用三維處理，無法用卡諾圖，若超過六個輸入，很難化簡……**

 沒錯。但是，最近這種化簡的處理，我們不需要親自做，只需丟給CAD 軟體處理，所以不需要擔心。碰到困難就交給CAD！我們只需學習基礎知識。

如何判斷大月？

還要點什麼？
選妳喜歡吃的。

三月限定的推薦菜單好像
很好吃，櫻之菜單！

三月限定
櫻之菜單

狼吞

虎嚥

喔！好像不錯。

MENU

已經三月啦
……

對了，五藻，
妳知道什麼是
「大月」嗎？

??

簡單來說，日期有 31 號的
月份是「大月」，其他的月
份是「小月」。

大月	小月
1月、3月、5月 7月、8月 10月、12月	2月、4月、 6月、9月 11月

呼～

別手拿日本酒，
眼神哀怨好嗎？

這樣啊……
現在的年輕人
不知道啊…

原來如此，
現在是三月，
是大月啊！

111

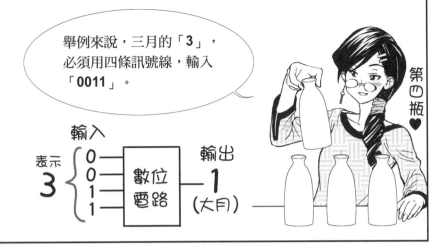

舉例來說，三月的「3」，
必須用四條訊號線，輸入
「0011」。

第四瓶♥

輸入

表示 $\left\{ \begin{array}{l} 0 \\ 0 \\ 1 \\ 1 \end{array} \right.$ 數位 電路

輸出

1
(大月)

0011
!!??
為什麼會變成
這麼神秘的數
字？

五藻，妳有聽過
「二進數」嗎？

學習數位電路，一定
會接觸到二進數的概
念！

二 進 數

喔！
一定會接觸到！

所以，必須抱著必死的
決心來學習！

不，不用到必死
的決心啦！

只是一定
要學起來啦。

113

十進數與二進數

接下來，我來說明**十進數**與**二進數**吧。
人類用十隻手指頭來算術，
1、2、3……

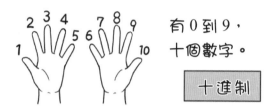

數到「9」，接下來會**進位**到下一位數，變成「10」。
這樣的進位方式是**十進制**，而依據十進制表示的數即為**十進數**。
我們平常使用的是十進制。

但是，電腦和**數位電路**的數字只有0和1（只有兩個數字），只能
使用**二進制**。依據二進制來表示的數字……稱為**二進數**。

〈十進數與二進數的比較〉

十進數	二進數
0	0
1	1
2	10
3	11
4	100
5	101
6	110
7	111
8	1000
9	1001
10	1010

十進數	二進數
11	1011
12	1100
13	1101
14	1110
15	1111
16	10000
17	10001
…	…

哇！位數一直增加！
好難理解，太複雜了……

 這的確不太好理解，位數會變得很龐大……
但是，數位電路只有 0 和 1（L 和 H）吧？所以，**數位電路只能用二進制。**

 難怪 3 不是輸入「3」，而是輸入「**11**」。
奇怪？但是剛剛三月的 3 卻以「**0011**」來表示（參照 P.113），為什麼是**四位數**呢？

 問得真好。
數位電路的輸入會使用「**多條訊號線**」。
舉例來說，**若有四條訊號線，即可表示 0 到 15 的數。**

所以，要表示「**1** 月到 **12** 月」，必須使用**四條訊號線（亦即四位數）**……懂嗎？

 嗯……我不懂，嗚嗚……
到底是怎麼一回事？

 雖用「四條訊號線」輸入，但這四條訊號線的「**分量**」其實是不同的。

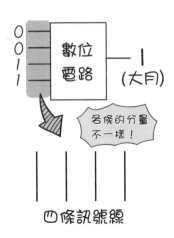

比方說，「一枚 1 元」、「一枚 10 元」、「一枚 100 元」，同樣
是一枚硬幣，每個硬幣的金錢分量（價值）不一樣吧？

一如上述，每個訊號線的分量並不相同。

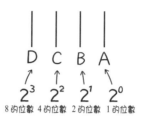

2^3　2^2　2^1　2^0
8 的位數　4 的位數　2 的位數　1 的位數

如上圖，四條線是 DCBA……

「A 表示 2 的 0 次方 = 1；B 表示 2 的 1 次方 = 2；C 表示 2 的 2 次
方 = 4；D 表示 2 的 3 次方 = 8。」每條線都有不同分量。

這代表，**A = 1 的位數；B = 2 的位數；C = 4 的位數；D = 8 的
位數**。

若 DCBA 全部都是 0，合計是 0；若 DCBA 全部都是 1，合計為 8 +
4 + 2 + 1 = **15**。

嗯……簡單地說，「A 是 1 元硬幣；B 是 2 元硬幣；C 是 4 元硬幣；
D 是 8 元硬幣。」四條線都被分配到不同的分量，各自又分成「有
（1）」和「沒有（0）」兩種情況。

	D(2^3)	C(2^2)	B(2^1)	A(2^0)
1（有）	8元	4元	2元	1元
0（沒有）				

若全部都有，即為 15 元！若全部都沒有，即為 0 元！

沒錯。**DCBA 各自可為 0 或 1**，不同的 0 和 1 的組合，能夠表示 0
到 15 的數值。順便說一下，這些一位數又稱為一位元。

我有點懂了。例如，要表示「3」……

D（8 的位數）是 **0**；**C**（4 的位數）是 **0**；**B**（2 的位數）是 **1**；**A**（1 的位數）是 **1**，所以要轉換成「0011」。

 完全正確！妳已經掌握了二進數。

 但是，我還是不習慣 0 和 1 的二進數羅列方式……
身為普通人，這也沒辦法吧。

 別氣餒，二進數和十進數能夠簡單轉換。
以「18」為例吧。

十進數→二進數	二進數→十進數

 18（十進數）換成二進數

 10010（二進數）換成十進數

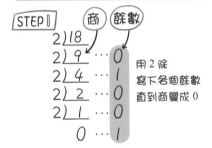

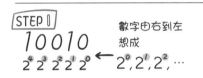

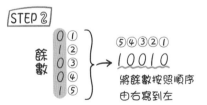

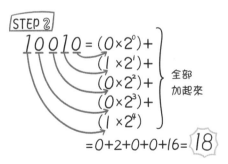

 挺簡單的！安靜思考，我也能做到。

117

判斷大月的電路設計

接下來，終於要著手設計電路了。

首先，先將 1 月～12 月表示成二進數吧！……我雖然想要這麼說，但其實**只需轉換大月**，亦即 1 月、3 月、5 月、7 月、8 月、10 月、12 月。

咦？為什麼只需轉換大月？

回想一下日式料理和西餐的「多數決電路」吧，

不管是畫真值表（參照 P.79），還是做卡諾圖（參照 P.98），**實際上需要的，只有「輸出為 1（H）的情況」**吧？

這次的電路是「判斷是不是大月」的電路，所以只需瞭解大月的情形，即能設計電路，**省略許多不必要的步驟**。

若妳習慣這方式，不畫真值表也可**直接做卡諾圖**。

省略不必要的步驟，真方便！

$$1月 \longrightarrow 0001\ (\text{1 的位數是 1})$$
$$3月 \longrightarrow 0011\ (\text{1 的位數、2 的位數是 1})$$
$$5月 \longrightarrow 0101\ (\text{4 的位數、1 的位數是 1})$$
$$7月 \longrightarrow 0111\ (\text{4 的位數、2 的位數、1 的位數是 1})$$
$$8月 \longrightarrow 1000\ (\text{8 的位數是 1})$$
$$10月 \longrightarrow 1010\ (\text{8 的位數、2 的位數是 1})$$
$$12月 \longrightarrow 1100\ (\text{8 的位數、4 的位數是 1})$$

將這些轉換成**真值表**，便如下圖。

	D	C	B	A	Z
1月→	0	0	0	1	1（大月）
3月→	0	0	1	1	1
5月→	0	1	0	1	1
	⋮	⋮	⋮	⋮	⋮
	⋮	⋮	⋮	⋮	⋮

轉換成**卡諾圖**，如下圖！

接著，快速圈選群組。

來吧，五藻，將下表畫成電路圖。

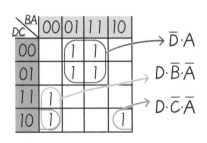

喔！好像料理節目，店長乾淨俐落的動作，真是快速！

只要確實按照步驟，就能畫出電路圖。

我畫好了，請看下圖！

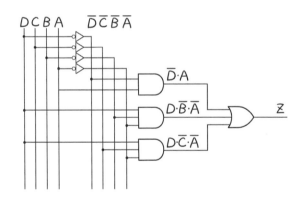

嗯，畫得不錯。

真完美……雖然我想這麼說，但有些地方還要說明。

應該很完美啊？

難道我出錯了？有種不好的預感……

Don't care

我明明已經將大月表示成二進數，也用卡諾圖化簡電路……

還有我沒注意到的問題嗎？店長！

沒錯，這圖還有不必要的部分！

必須刪掉！

店長好像執著於刪減成本的商人。

因為刪掉多餘的部分，才能算是完美的電路設計！

那麼，我們來想想吧。

首先，必須輸入限定於1到12的數字。

0月、13月、14月、15月，這些根本不可能存在吧？

對啊，這是當然的。

啊，但是……

我來好好說明吧！
不列入考量的輸入，
稱為「Don't care」。

我沒有喝醉喔！

Don't care 意指「不管輸出是 **0** 還是 **1**，都不用在意」。

哇……
好有包容力喔。

Don't Care

哪一個都好。

應該是什麼都不思考，很馬虎吧。

不用太在意。

接下來，把 Don't care 畫進卡諾圖吧。

0 月（0000）、13 月（1101）、14 月（1110）、15 月（1111），碰到這些情形，即記成橫線「—」。

像這樣吧……

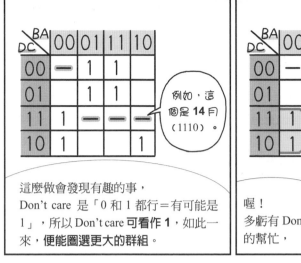

例如，這
個是 **14** 月
（1110）。

這麼做會發現有趣的事，
Don't care 是「0 和 1 都行＝有可能是
1」，所以 Don't care **可看作 1**，如此一
來，**便能圈選更大的群組。**

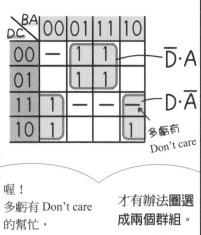

$\overline{D}\cdot A$

$D\cdot\overline{A}$

多虧有
Don't care

喔！
多虧有 Don't care
的幫忙，

才有辦法圈選
成兩個群組。

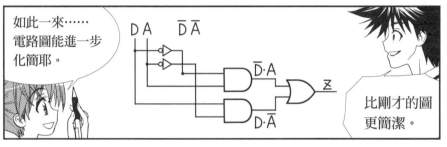

如此一來……
電路圖能進一步
化簡耶。

比剛才的圖
更簡潔。

Don't care
在「化簡」方面，
扮演著重要角色。

Don't care
很可靠，
心胸也寬廣。

真的……我也想要有 Don't
care 的精神，能夠說「不管
是不是赤字都好」……

咕嚕─咕嚕

妳在喝悶酒嗎？

123

3 多個輸出端

我們差不多該離開了。

這攤我請客。

喔！真是謝謝店長！

但是，你們要陪我再去一家店坐坐。

晚上的咖啡店，真漂亮。

呵呵呵，來到這家店，就是它出場的時候。鏘鏘！

哇！好久沒看到這個。
店長該不會是要
教我電子骰子吧？

不是，這是店長最喜歡玩的
賭博遊戲，規則是按出數字
最小的人，要付這攤的錢。

啊？

就是這樣！

有關電子骰子的知識，
我也會順便
教·妳·的♥

▶ 輸出端共通化

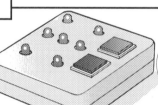

好！
請仔細看。

這裡有七個燈泡，
如下圖，骰子會
顯示 1～6 點。

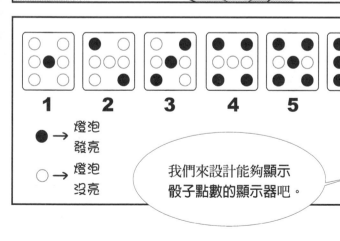

1　2　3　4　5　6

●→燈泡發亮

○→燈泡沒亮

我們來設計能夠顯示
骰子點數的顯示器吧。

125

嗯，
設計這七個燈泡會**配合點數發亮**的電路。

簡單來說，輸出訊號設定為「**1**則燈泡亮；**0**則燈泡不亮」即可。

點數「4」如右圖所示。

點數「4」：

$a, b, f, g \cdots 1$（發亮）

$c, d, e \cdots 0$（不亮）

沒錯！
但是，個別考慮這七個燈泡，很麻煩，

應該有**更簡單的作法**，妳知道嗎？

我想想～
啊！

a 發亮，
g 也會發亮。
（2、4、5、6點）

b 發亮，
f 也會發亮。
（3、4、5、6點）

你看！

在對角線上的兩個燈泡，一定會同步動作。

如此一來，
這兩個燈泡便可合成一組。

沒錯！在實際設計上，不是分成七種發亮模式，
而是分成四種發亮模式。

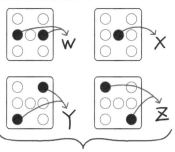

四種燈泡發亮模式

（輸出 W、輸出 X、輸出 Y、輸出 Z）

如此，我們便可以善加利用
輸出共通化的部分，將它們
當成同樣的輸出訊號！

原來如此，
變簡單了！

「**輸出**」並不是七種
模式，而是**四種模式**。

沒錯，接著討論
「**輸入**」吧。

骰子的點數「1～6」，
做法跟剛才的 1 月～12 月
一樣，轉換成**二進數**。

我想想，總共需要三條訊
號線，是……

三位元（三位數）！

（關於訊號線，請參照 P.115）

沒錯。但是，要注意！
訊號線有三條（三位元），
會表示「**0～7**」的數字。

C　　B　　A

2^2　　2^1　　2^0

4 的位數　2 的位數　1 的位數

$1 \rightarrow 001$（1 的位數是 1）
$2 \rightarrow 010$（2 的位數是 1）
$3 \rightarrow 011$（2 的位數、1 的位數是 1）
$4 \rightarrow 100$（4 的位數是 1）
$5 \rightarrow 101$（4 的位數、1 的位數是 1）
$6 \rightarrow 110$（4 的位數、2 的位數是 1）

啊！
骰子的點數不會出現0和7點。

Don't

怎樣都好

Care

不用在意

「0」和「7」是
Don't care。

對。
接下來，畫真值表和卡諾圖吧。

但是，這次要考慮四種模式的「亮不亮（1或0）」，所以必須考慮四種輸出模式。

哇
你蠻厲害的

嗯
循序漸進

認——真

真值表、
卡諾圖必須
畫四張。

嗯……四倍，好
像很辛苦……

但是，我會努力！

▶ 電子骰子顯示器的電路設計

來一步步說明吧。

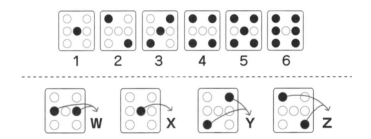

如上圖，對照「點數1～6」和「四種模式」，可得下面的情形。

◆ **W** 發亮（＝輸出為 1）

「**6**」點

◆ **X** 發亮（＝輸出為 1）

「**1、3、5**」點

◆ **Y** 發亮（＝輸出為 1）

「**3、4、5、6**」點

◆ **Z** 發亮（＝輸出為 1）

「**2、4、5、6**」點

舉例來說，「W發亮」的真值表如下。

6是「110」，所以……

骰子是「6」點 →

C	B	A	Z
1	1	0	1（發亮）
⋮	⋮	⋮	⋮
⋮	⋮	⋮	⋮

 沒錯。習慣此方法，便可直接畫卡諾圖。
但是，「0（二進數為000）」和「7（二進數為111）」的表格，
要記成Don't care的橫線「－」。

 我試著畫出四張吧。
好，W、X、Y、Z的卡諾圖如下！
Don't care的橫線「－」完整標入表格！

W 發亮（輸出為 1）， 為 6（110）點。

X 發亮（輸出為 1），為 1（001）、 3（011）、5（101）點。

W 的卡諾圖

C＼BA	00	01	11	10
0	－			
1			－	1

X 的卡諾圖

C＼BA	00	01	11	10
0	－	1	1	
1		1		－

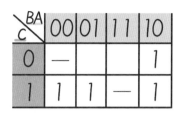

Y 發亮（輸出為 1），
為 **3**（011）、**4**（100）、
5（101）、**6**（110）點。

Z 發亮（輸出為 1），
為 **2**（010）、**4**（100）、
5（101）、**6**（110）點。

C\BA	00	01	11	10
0	—		1	
1	1	1	—	1

Y 的卡諾圖

C\BA	00	01	11	10
0	—			1
1	1	1	—	1

Z 的卡諾圖

 很好！接下來，把它們**群組化**，如下圖。
秘訣是要好好利用 **Don't care**。

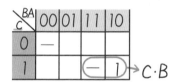

W 的卡諾圖

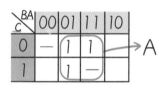

X 的卡諾圖

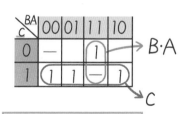

Y 的卡諾圖

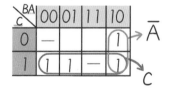

Z 的卡諾圖

 剩下的電路圖交給我吧。
嗯……完成！如下一頁所示。

131

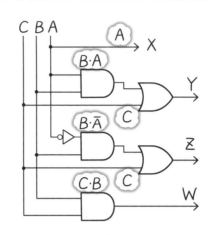

$$\boxed{\text{電子骰子顯示器的電路圖}}$$

 OK！

將各個發亮模式連接起來，完成電子骰子的顯示器。

 真感動。我會畫新的電路圖……

 辛苦了！這次的電路圖沒有辦法再化簡，這都多虧一開始有仔細考慮，從一開始的七種發亮模式，減少成四種發亮模式。

 不是在畫完真值表，才考慮化簡，而是在一開始就要思索「能不能再化簡？能不能再刪掉不必要的部分？」這是重點。

 沒錯。重要的是，不能妥協，平時即需思考如何刪掉不必要的部分。啊，人事費不能再少一些嗎？呵呵……

 妳這種想法讓我很困擾啊！

133

謝謝
你請的飲料！

不會，
請客是沒關係，
但我很不甘心輸
了！

哈哈哈

但是，真的很愉快，
下次若能三個人一起
去吃飯就好了。

啊，
之前我就想找時間
跟妳說……

那個……

什麼？
下次不要三個人一起，
而是兩個人去吃飯嗎？
該不會是要問這個吧？
呀——！！♥

妳要不要來我的
套房？

……！！？？？
什麼？
高場前輩，進展
不會太快嗎？

怎麼會這樣，
這該不會表示，
高場前輩也喜
歡我……吧！？

那個……

五藻，
妳有聽到嗎？

哈！

我剛剛恍神了
……這裡是哪？

這裡是
我的套房。

等一下，
那個……

135

這裡是高場前輩的套房？
真空曠……

來吧！
這些我都要給妳。
妳想要怎麼拆解都可以。

不不不，
簡約才是王道！

咦……這是你的電視和微波爐吧？

對……之前一直找不到機會說……

我今年春天大學畢業，之後會回老家，我老家在北海道。

所以，這些家電我不需要。

驚訝！

啊，五藻？

不是……能夠拆解……我很開心。
真的……很謝謝……你。

嗚喔

怎麼樣都好啊！

——那天晚上，會坂五藻發洩似地拆解了許多家電。

136 第 4 章 ▶ 化簡電路

加法電路與減法電路

■ 加法電路是什麼？

本章介紹一般組合電路的化簡方法，但是，**二進數的加法、減法**等電路，**它們的設計方式完全不一樣**。因為一般的設計方法，輸入的數量太多，例如，位數同樣是八位元的加法，輸入需要十六位元，因此，所有輸入的可能性會變成 2 的十六次方，產生 65536 種可能，我們實在很難處理這麼多的可能情況。

多輸入的組合電路當然會有它的**規則和規律，我們在設計上可以善加**利用。例如，位數同樣是四位元的加法，用紙筆計算，如下所示。

此處以二進數的 **4**（0100）和 **5**（0101）示範**加法的步驟**。

4+5 的例子

```
    1 0 0    進位
    0 1 0 0 -----→ 4
+)  0 1 0 1 -----→ 5
    ─────────
    1 0 0 1 -----→ 9
```

請注意每個位數。

將輸入 **A** 和 **B**，加上
「**前一位數的進位值**」，接著求出和，
以及「**後一位的進位值**」，
真值表如右圖。

令「前一位的進位值」為 C_{in}；
「和（加法所得的結果）」為 **S**；
「後一位的進位值」為 C_{out}。

前一位進位值的輸入　後一位進位值的輸出

A	B	C_{in}	S	C_{out}
0	0	0	0	0
0	0	1	1	0
0	1	0	1	0
0	1	1	0	1
1	0	0	1	0
1	0	1	0	1
1	1	0	0	1
1	1	1	1	1

表格中，**若左欄有兩個以上的 1，C_{out}即是 1**，如同多數決電路。遺憾的是，此表格的和，無法用卡諾圖化簡。

　　統整的電路圖如下圖 1。

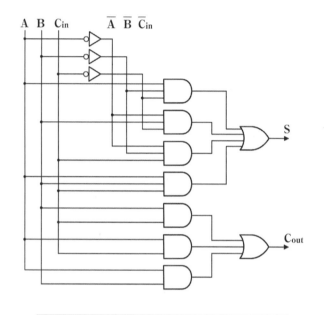

圖 1　全加法器（Full Adder）

　　此圖稱為「**全加法器（Full Adder）**」。

　　多位數的加法，**必須將該位數的進位輸出，連接到下一位數的進位輸入**。

　　將這個全加法器當作一個箱子，**四位數的加法電路（加法器）**，如下頁圖 2。

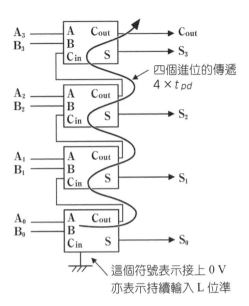

四個進位的傳遞
$4 \times t_{pd}$

這個符號表示接上 0 V
亦表示持續輸入 L 位準

圖 2　漣波進位加法器（Ripple Carry Adder）

此種電路能夠執行加法，稱為「**漣波進位加法器（Ripple Carry Adder）**」。Ripple是漣波、漣漪的意思，進位像漣漪，按順序傳遞給下一位數，因此得名。我們常利用此規則性，做出固定的電路，反覆計算各位數。

在這個電路中，如果位數持續增加，傳遞進位數值所花的時間也會增加，整體的運作速度會變慢。因此，有人提議藉由增加電路數目，加速進位數值的傳遞，但是利用這方法加速，需要的邏輯閘數目也會增加。只能滿足一邊，另一邊必須犧牲，這種情況稱為「**折衷（Trade-off）**」。

在實際設計上，需要根據預期的運作速度、使用的邏輯閘數目、選擇的晶片及電路的種類，找出最合適的設計方法。當電路帶有不同折衷的加法器組合，聰明的CAD會根據不同的狀況，自動選擇適合的加法器組合。

除了加法器，**多輸入、有規則、經常使用的組合電路**，我們大多會直接使用設計好的電路，常見的組合電路在下頁大致介紹。

◆ 解碼器（Decoder）

還原原本輸入編碼的電路。

請看下圖，舉例來說，三位數的二進數就有八種可能情況。

針對這三個輸入的數值，推算可能的八個輸出，將對應此輸入的輸出設為1（或0），這樣的電路稱為「**3-8 解碼器**」。根據不同的輸入、輸出、編碼的組合，產生各種解碼器。

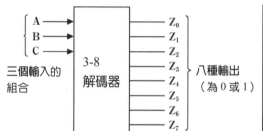

輸入			輸出							
C	B	A	Z_0	Z_1	Z_2	Z_3	Z_4	Z_5	Z_6	Z_7
0	0	0	1	0	0	0	0	0	0	0
0	0	1	0	1	0	0	0	0	0	0
0	1	0	0	0	1	0	0	0	0	0
0	1	1	0	0	0	1	0	0	0	0
1	0	0	0	0	0	0	1	0	0	0
1	0	1	0	0	0	0	0	1	0	0
1	1	0	0	0	0	0	0	0	1	0
1	1	1	0	0	0	0	0	0	0	1

◆ 優先編碼器（Priority Encoder）

這是與解碼器相反的電路，根據輸入的資料，產生對應的編碼輸出。

優先編碼器和解碼器有點不同，若有多個輸入，會根據**優先順位**（**Priority**），產生對應的編碼。

◆ 多工器（Multiplexer）

利用**切換資料的傳輸通道**，根據輸入的數值，從多個輸入訊號中，選擇一項輸出的電路，如下圖所示，若S＝0，Y的值是A；若S＝1，輸出的結果是B。這是最常用的組合電路。

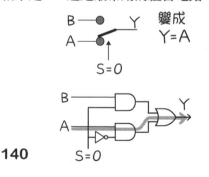

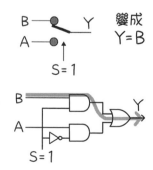

140

■ 減法電路是什麼？

減法電路的作法和加法器相同，依據我們平常運算減法的步驟，做出對應的減法電路（減法器）。

然而，一般來說，**減法器**的設計比加法器複雜。
以二進數為例，計算「**A－B**」，會依循下面的步驟。

> 步驟① 將B各位數的 **1** 和 **0** 反轉。
> 步驟② 將①的數值加 **1**。
> 步驟③ 將A和②相加，超出位數的進位值直接捨去。

此處以二進數的 **13**（1101）減去 **6**（0110）為範例。
計算結果為 **7**（0111）。

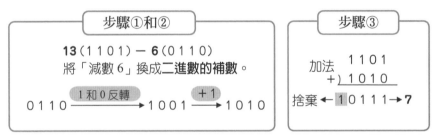

這並不是巧合，按照步驟，一定可以算出來。
因為在步驟①和②，得到B的「**二進數的補數**（與原數相加等於 10000 的數值）」，**相當於負B**。

接下來請想想，如何用加法器進行減法器的功能。
步驟①很簡單，只需讓 B 經過 **NOT**。步驟②是將數值加 1，此處若使用加法器，會太浪費，所以我們選擇別的作法。在加法器中，我們不會用到最小位數進位值的輸入，輸入永遠是 0，直接把這進位輸入改成 1，即相當於加 1。
照這種方式做出來的**減法器**，如下一頁所示。

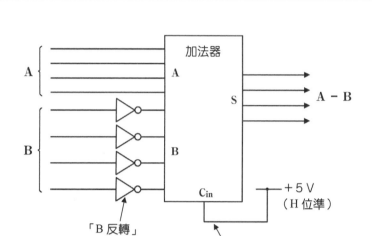

圖 3　減法器

　　下點功夫，我們就能用一個電路，做出轉換加法與減法的功能。再將這個電路加上AND、OR等**邏輯演算**、移位（將二進數的位元左右移動）功能，就是**ALU**（Arithmetic Logic Unit）。

　　ALU 是**能夠自行選擇多種演算並執行的演算電路**，是電腦的中央處理器（**CPU**：Central Processing Unit）的中樞。

　　順帶一提，由於乘法和除法太過複雜，所以 ALU 並沒有乘和除的功能，通常會在其他部分進行乘法和除法。

● **卡諾圖**（Karnaugh Map）：由莫里斯．卡諾（Maurice Karnaugh）提出，是化簡邏輯數學式的方法。能夠輕易化簡，原理易懂，現今經常使用於邏輯設計的教學。若輸入超過五個，即需考慮到三維，因此，六個輸入是此方法的上限。化簡的方法有布林代數的直接變形，以及奎因．麥克拉斯基演算法（Quine-McCluskey Algorithm）等。實際設計電路，會使用第 5 章 column 介紹的硬體描述語言，再搭配 CAD 產生電路並化簡，幾乎不需要我們手動化簡。

● **編碼**：數位電路中，只有 L 和 H，經由複數訊號的組合來表示資料，稱為編碼。例如，想要表示英文字母，最耳熟能詳的就是 ASCII 編碼，將各種字母、數字、符號，用八位數（八位元）的 0 與 1 組合表示。

● **二進數**：僅用 0 與 1 表示數值的最基本進位方式。二進數當中的一個位數即為位元（bit），八個位元合成一個位元組（byte）。較大的數值以二進數表示，產生的位數過多，反而會難以讀取，這時應改成用十六進數或八進數來表示。

● **Don't care**：因為是被禁止的（不可能的）輸入，輸出結果並不重要，這種情況稱為 Don't care。本書用橫線「—」表示 Don't care，也有人用「X」來代表。

第5章

設計順序電路

昨天盡情拆解電器，
真是太高興了……

嘿　　嘿

但是
……

前輩要去
很遠的地方……

失望～～

怎麼了？

妳知道高場要去
很遠的地方，
好像大受打擊。

店長
怎麼知道？
而且還這麼清楚？

果然被我
猜中。

驚訝！

抱歉，
沒有先告訴妳。

之前辦的歡迎會，
其實也是高場的
歡送會。

因為那傢伙不想把
場面搞得太沉重……

這樣啊……原來徵工讀生，是因為高場前輩要畢業，

所以需要找新人代替他的位置啊。

「抱歉，我無法繼續教她到最後。希望店長能夠代替我好好教她。」

這個人真是——他把我當成什麼啦！

什麼跟什麼啊

就是這樣。那個笨蛋還說……

妳要繼續學嗎？還是説……

……

前輩教我的數位電路……就這樣半途而廢……

我才不要！

請妳一定要教我！

怎麼可以就此放棄呢！

順序電路是會記憶的電路

我們趕快開始吧！

我想五藻現在腦中
應該都是與高場
有關的「記憶」吧⋯⋯

妳怎麼
知道！

記憶

對今天要學的順序
電路來說，「記憶」
是很重要的一環！

順序電路？以前有提過。
（參照 P.62）

我記得妳說⋯⋯數位電路分為
兩種，一種是「組合電路」，
另一種是「順序電路」⋯⋯

組合電路

順序電路

這次學的主題！

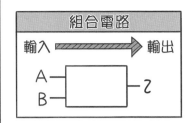

組合電路

輸入 ⟹ 輸出

A —
B —

- **ㄥ**

沒錯，
前面所學的都是
「組合電路」，
僅由「當前的輸入」
決定「輸出」。

而接下來要學的「順序電路」，
則由「當前的輸入」和
「記憶」（先前的輸入
所決定的電路狀態），
決定「輸出」和
「下一個狀態」！

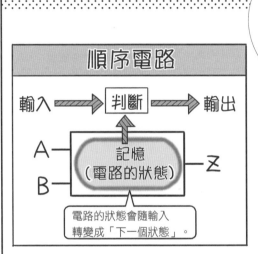

順序電路

輸入 ⟹ 判斷 ⟹ 輸出

A —
B —

- **ㄋ**

記憶
（電路的狀態）

電路的狀態會隨輸入
轉變成「下一個狀態」。

嗯？
記憶？
電路的狀態？
好難……

眼花
撩亂

以我們身邊的事物
為例吧。

假設五藻在自動販賣機買
果汁，妳先投入一百日
圓，再投入五十日圓，機
器會顯示總金額為一百五
十日圓吧？

哇———！！

順序電路真是厲害！

但是……
若是如此，之前到底為什麼要學「組合電路」呢？

浪費人生？

不不不，別這麼失望！不會沒有用處，絕對有幫助。

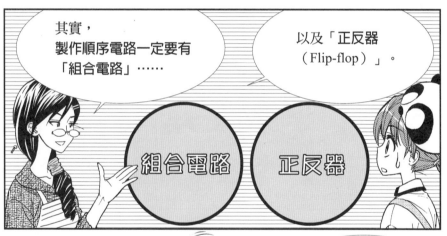

其實，製作順序電路一定要有「組合電路」……

以及「正反器（Flip-flop）」。

組合電路

正反器

嗯？正反器？

嗯

這個名稱有點可愛，但這是什麼呢？

正反器

嗯，正反器是指「能夠記憶的電路」……

151

正反器像蹺蹺板

嗯～
天氣真好——
但是，為什麼
我們要來公園？

其實，
正反器（Flip-flop）
來自玩蹺蹺板
所發出的「砰砰」聲。

嘿～
蹺蹺板！
真讓人懷念的
童年回憶。

接下來才是今天的主題！
稱為「正反器」的數位電路
是指「能夠記憶一位元數位訊號
（0 或 1）的電路」。

這個非常重要！

噁……

溫馨懷念的感覺消失了……

失望！

把它想像成蹺蹺板，

蹺蹺板偏向左或右，會停下來吧？正反器利用這種方式「記憶0或1」。

若偏向右邊，記憶成 0。

若偏向左邊，記憶成 1。

……原來如此。

記憶一位元，便能判斷「是 0 或 1」，像蹺蹺板一樣！

沒錯。但是，正反器不只有這麼簡單的類型，還有更重要的正反器，妳要牢牢記住。

那就是……「D 正反器」！

D……
正反器？

到底是什麼？

啊，
竟然有盪鞦韆耶！
好像很好玩！

飄過去～

店長……
妳都幾歲了！

D正反器與計時器

喂——
在這裡，
能夠清楚看到
那邊的鐘塔耶。

然後呢？店長！
D正反器
到底是什麼？

拜託妳認真
點好嗎？

What's?

時鐘

D-FF
最便利！

其實，
正反器（縮寫為 FF）
有很多種類，其中，
以 D 正反器最為便利。

其他種類的 FF

Jk-FF　T-FF

最近的數位電路
幾乎都使用 D 正反器。

D 正反器能「依據計時器
的特別數位訊號，改變記
憶資料」。

計時器？
是指時鐘嗎？
Clock……

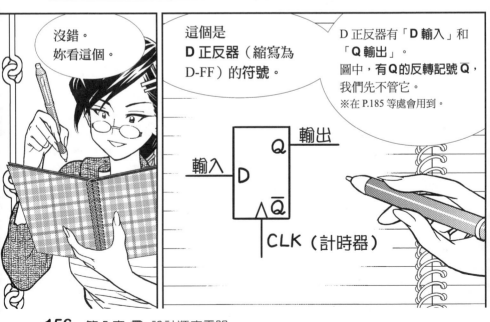

沒錯。
妳看這個。

這個是
D 正反器（縮寫為
D-FF）的符號。

D 正反器有「D 輸入」和
「Q 輸出」。
圖中，有 Q 的反轉記號 Q̄，
我們先不管它。
※在 P.185 等處會用到。

輸出

輸入　D

Q̄

CLK（計時器）

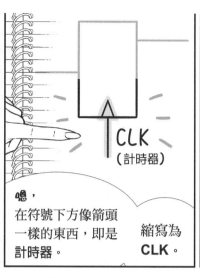

CLK
（計時器）

嗯，
在符號下方像箭頭
一樣的東西，即是
計時器。

縮寫為
CLK。

唷！

這個計時器和電路的
「輸入」、「輸出」
不同，用來「配合電
路的運作狀況」，是
一種控制訊號。

咚！

配合
運作的情況？

那個鐘塔偶爾會發出「叮
咚♪」的聲響吧？配合這個
聲響，我們會改變動作，
覺得「該回家了」。

叮咚

我還記得小時
候的經驗……

啊……
令人懷念的日子

是啊……
CLK（計時器）代表
電路運作的時機。

店長的眼神
好憂傷……

我也有過
那種年紀……

呼～～～

我有點懂計時器了。

但是，數位電路是只有 L 和 H（0 和 1）的世界，要怎麼做才能表示電路運作的時機呢？

這問題真好！先來複習吧。

數位訊號只有 L 和 H（0 和 1），所以輸入訊號、輸出訊號一定只有 **L** 和 **H**！

H 位準 →

L 位準 →

這個我瞭解，之前有介紹過嘛。（參照 P.30 和 P.67）

而 **CLK**（計時器）的**數位訊號**則像這樣！

咦？有好多**箭頭**的符號！

CLK
（計時器）

沒錯，那些箭頭要特別注意！

如上圖所示，「計時器**由 L 變成 H**」會呈現「**上升**」狀態。另外，「計時器**由 H 變成 L**」會呈現「**下降**」狀態。

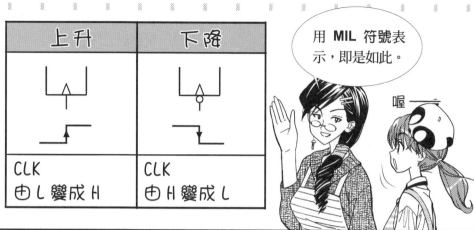

上升	下降
CLK	CLK
由 L 變成 H	由 H 變成 L

用 MIL 符號表示，即是如此。

喔————

喔！
它的名字真容易理解。

嗯嗯

上升！

嘿呀

嘿呀

下降！

一如剛剛提到的鐘聲，

此上升（下降）有和鐘塔一樣的功能。

啊……

也就是說，計時器上升的時候，電路的運作狀態會改變嗎？

哈哈

閃閃亮亮

呼呼

哇！竟然有兩個妖精！

他們有兩種任務：
記憶資料的「儲存」……

儲存／忽視

資料
（L 或 H）

我記住了！

以及讓資料直接通過的「忽視」。

忽視／儲存

通過吧！

資料　→　資料

※每個妖精都能執行「儲存」與「忽視」。他們根據當時的狀況，選擇執行哪種任務。

交給我！

喔！

喔——
你們有兩種任務耶。

根據這兩種任務，
D 正反器執行不一樣的
動作……

結合兩者的力量，
當計時器「上升」，
D 正反器才會運作。

嗯？

D 正反器
怎樣運作呢？

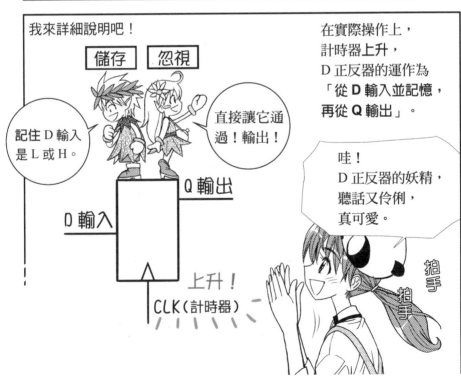

我來詳細說明吧！

儲存　　忽視

記住 D 輸入
是 L 或 H。

直接讓它通
過！輸出！

Q 輸出

D 輸入

上升！

CLK（計時器）

在實際操作上，
計時器上升，
D 正反器的運作為
「從 D 輸入並記憶，
再從 Q 輸出」。

哇！
D 正反器的妖精，
聽話又伶俐，
真可愛。

拍手
拍手

沒錯。

若 **D 輸入是 L**，
計時器上升，
Q 輸出也會是 L……
若 **D 輸入是 H**，
計時器上升，
Q 輸出也會是 H……
很單純。

拍手拍手

但是，
接下來就有點
複雜了！

哈哈～～

D 正反器的妖精，
只有在計時器上升時，
才有辦法看出
他們在工作。

※兩個妖精合作的原理，詳細說明請參閱 P.188。

雖然從外面看不出來
他們有在工作，
但他們其實一直
都在很努力地工作。

163

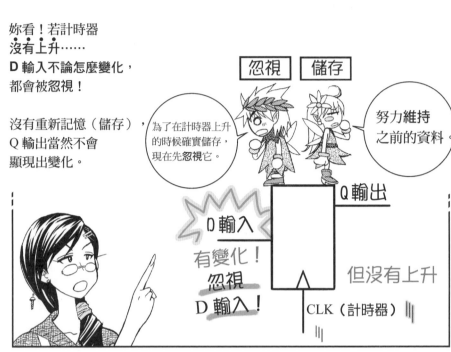

妳看！若計時器
沒有上升……
D 輸入不論怎麼變化，
都會被忽視！

沒有重新記憶（儲存），
Q 輸出當然不會
顯現出變化。

忽視　儲存

為了在計時器上升
的時候確實儲存，
現在先忽視它。

努力維持
之前的資料。

Q 輸出

D 輸入

有變化！
忽視
D 輸入！

但沒有上升

CLK（計時器）

哇！
妖精除了在計時器
上升的那一瞬間，
都不會重新儲存耶！

哈哈～～～

如此一來，
資料便能確實維持現狀。

沒錯，
D 正反器
即是如此運作。

〈D 正反器的運作情形〉

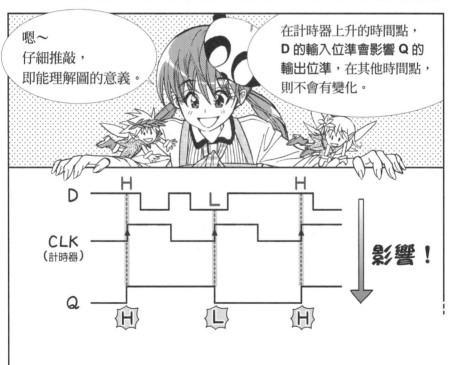

沒錯！
其實不難吧。

對了，
我想問……

D 正反器的 D
是什麼意思？

D

有人說是 **Data**（資料）的
意思，也有人說是 **Delay**
（延遲）的意思。※

Data
（資料）

Delay
（延遲）

※把 D-FF 想成一串念珠，念珠的數目即相當
於計時器的數目，能延遲訊號的變化。早期
的 D-FF 使用方式有很多種。

喔
喔
！

原來如此！
真容易理解。

此外，
D 正反器內部的
構造是什麼
樣子呢？

真好奇……

？

真是的，
五藻，

剛剛不是教過嗎？
電路裡有妖精
在努力工作啊。

※ D 正反器的內部構造，請參閱 P.187 的 column。

暫存器是什麼？

嘎～～

才不是！
這個是暫存器
的符號啦！

數位世界
真多蟲耶
....

暫存器？

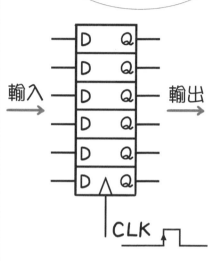

這是**暫存器**的符號！

D   Q

D   Q

輸入 →   D   Q   → 輸出

D   Q

D   Q

D   Q

CLK

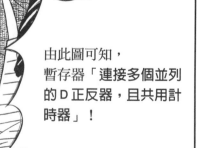

砰

由此圖可知，
暫存器「連接多個並列
的D正反器，且共用計
時器」！

哇！
真的耶！
有好幾個
D正反器
並排在一起。

沒錯吧？如此一來，我們便「能夠記憶多個並列的數位訊號（0 或 1）」。

嘿！這張圖的蜈蚣身體有六節……

這表示，能夠記憶六位元吧？

沒錯！但這不是蜈蚣！

順序電路利用暫存器變成能夠記憶的電路喔♪

原來如此！暫存器是非常重要的電路啊。

順帶一提，暫存器（register）和「收銀機（register）」的英文拼法一樣，都有記憶、記錄的意思。

3 電子骰子

▶ 電子骰子是一種順序電路

接下來，
展開最後的課程吧。
我們來設計
電子骰子！

閃爍

亮！

停止！

之前已經玩過好幾次
電子骰子，我能想像它
的運作方式。

燈泡閃爍……
點數高速切換，
按 **STOP** 鍵，才會停下來。

沒錯。
要高速切換點數，
必須以 0.1 秒的速度變化，
我們需使用 **CLK**（計時器）。

概念如下圖所示，
計時器上升，
點數會切換。

$1 \rightarrow 2 \rightarrow 3 \rightarrow 4 \rightarrow 5 \rightarrow 6 \rightarrow 1 \rightarrow 2 \rightarrow \cdots$
從 **1** 到 **6** 反覆變化。

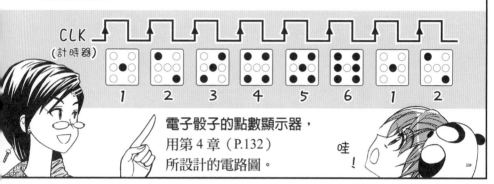

CLK
（計時器）

1　2　3　4　5　6　1　2

電子骰子的點數顯示器，
用第 4 章（P.132）
所設計的電路圖。

哇！

原來如此……
利用變化模式
固定的計時器，

不管什麼時候
讓計時器停下來，
每個點數出現的機率，
都是 1/6。

畫圈

畫圈

沒錯！
確實如此。

只需利用有「記憶
（電路狀態）」
功能的順序電路♪

重點是
1→2→3→4……
骰子的點數須按照
順序切換！

現在的電路狀態是「2」，所以「下一個狀態」是「3」。

嗯。沒錯！

因為有記憶的功能，才會讓
1 的下一個是 2……
2 的下一個是 3……

記憶
（ 電路狀態 ）

這樣的順序電路怎麼設計呢？我們分成這三個步驟思考吧。

寫字！

順序電路（電子骰子）的設計步驟

（1）首先，畫出狀態變遷圖。

（2）將狀態轉換成二進數。

（3）設計對應的組合電路。

※會在後面幾頁依序說明。

好了！大概是這樣。

這三個步驟是最後關鍵……

這些真的是最後的重點。**我要全心全力接受挑戰！**

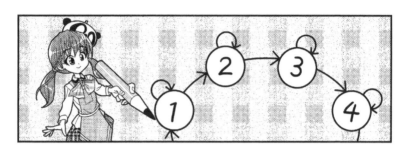

接下來說明順序電路（電子骰子）的設計步驟吧。

一開始要先決定「電路狀態」，畫出依據不同輸入而變化的圖形，

亦即先製作「狀態變遷圖」！

狀態變遷？「狀態」是指電路的狀態嗎？

意指電子骰子的「點數 1」、「點數 2」嗎……

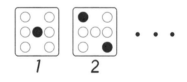

沒錯！以電子骰子為例，骰子的點數即是狀態，簡單吧。

而「變遷」是指「移動變化」，

例如，季節的變遷即如下圖所示。

啊，很簡單呀！「骰子點數」的變遷如下圖。

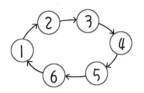

沒錯。進一步考慮**STOP**鍵吧。

沒有按下STOP鍵的時候，**S（STOP）＝L**位準，

電路狀態會像下圖一樣，轉換到下一個狀態（下一個點數）。

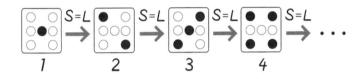

燈泡閃爍……一直切換！

相對地，若按下STOP鍵，**S（STOP）＝H**位準，

如下圖所示，電路的狀態會突然停止，

「下一個狀態」變成自己，不再變化。

按下STOP鍵的瞬間，「電路狀態」維持同一個狀態，

呈現「點數 3」。

將「S（STOP）＝L」、「S（STOP）＝H」畫進圖中，如下圖所示。這就是**電子骰子的「狀態變遷圖」**！

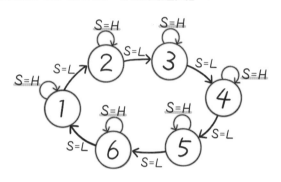

電子骰子的狀態變遷圖

 但是，這張圖有什麼用處啊？

 呵呵呵。高場教妳組合電路的時候，應該說過：「**畫出真值表，組合電路的設計即幾近於完成！**」

 對。他的確這麼說過（參照P.62）。店長，難道妳有順風耳？

 同樣地，**畫出狀態變遷圖，順序電路的設計即幾近於完成**！狀態變遷圖是設計順序電路的**基礎**。完成變遷圖，接著只要利用系統化的方式，即能設計出電路。

 哇！這樣啊，真的耶……
和高場前輩教的真值表一樣，「狀態變遷圖」也非常重要呢……原來如此……嗚嗚嗚……

 （啊！不小心又讓她想起高場了！）

■ （2）將狀態轉換成二進數

 下一個步驟「**將狀態轉換成二進數**」，是什麼意思？

 之前在討論「中華料理」的時候，提過編碼吧？（參照P.108）與那相同，將各個狀態編碼化，變成對應的二進數，再化簡電路。

 但是！我們現在不用再做一次，直接用之前做好的電子骰子點數顯示器（參照P.132），把點數的二進數當成各個狀態的編碼吧。

 的確，這樣做省下很多功夫。用三位元——001（點數 1）、010（點數 2）、011（點數 3）、100（點數 4）、101（點數 5）、110（點數 6），來表示六種狀態。

 沒錯！將狀態表示成二進數，**狀態變遷圖**會如下圖。

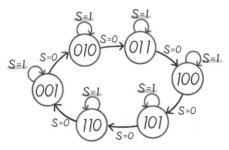

 STOP鍵的變化情形換成：若S＝H，則**S＝1**；若S＝L，則**S＝0**。

接下來，我們來製作「電子骰子的狀態變遷圖（轉換成二進數）」吧。「現在的狀態」表示成 C_2、C_1、C_0 的三位元；「下一個狀態」表示成 N_2、N_1、N_0 的三位元。

電子骰子的狀態變遷圖（轉換完畢）

輸入 S	現在的狀態（輸出）				下一個狀態			
	C_2	C_1	C_0		N_2	N_1	N_0	
1	0	0	1	(1)	0	0	1	(1)
1	0	1	0	(2)	0	1	0	(2)
1	0	1	1	(3)	0	1	1	(3)
1	1	0	0	(4)	1	0	0	(4)
1	1	0	1	(5)	1	0	1	(5)
1	1	1	0	(6)	1	1	0	(6)
0	0	0	1	(1)	0	1	0	(2)
0	0	1	0	(2)	0	1	1	(3)
0	0	1	1	(3)	1	0	0	(4)
0	1	0	0	(4)	1	0	1	(5)
0	1	0	1	(5)	1	1	0	(6)
0	1	1	0	(6)	0	0	1	(1)

STOP!

S = 1

下一個狀態是自己

S = 0

變換到下一個狀態（下一個點數）

電子骰子的點數

※「現在的狀態」和「輸出」是相同的點數

嗯，我已瞭解「S（STOP）」、「C_2、C_1、C_0」、「N_2、N_1、N_0」之間的關係。

我們進入下一個階段吧，直接把電子骰子的點數當作狀態的編碼，亦即「**001、010、011、100、101、110**」……
要記憶這些三位元的狀態，該怎麼做呢？

啊？不是有「**D正反器**」組成的暫存器嗎（參照 P.153 和 P.168）？直接使用它吧？

完全正確！要記憶三位元的狀態，需使用三個 D正反器，亦即使用三位元的暫存器。

因此，**電子骰子的順序電路架構圖**如下圖所示。

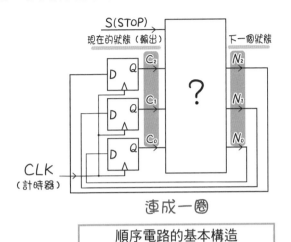

順序電路的基本構造

D正反器（暫存器）有三個！

「現在的狀態」藉由三位元暫存器產生C_2、C_1、C_0，接著，C_2、C_1、C_0和S（STOP）再成為輸入，決定下一個狀態和輸出。

可是，此例的「狀態」直接用骰子的點數表示，亦即「狀態」和「輸出」的數值相同。

運作原理非常單純：依據「現在的狀態（輸出）」的C_2、C_1、C_0和**S輸入，決定** N_2、N_1、N_0！

圖中的「？」部分，需放入這種電路嗎？

沒錯，那是下一個階段。來吧，我們再來看一次圖形。

「下一個狀態」的N_2、N_1、N_0轉一圈繞回暫存器的輸入端。因此，當下一次**CLK**（計時器）上升的時候，暫存器就會記下最新的數值。

「下一個狀態」繞了一圈，回到原點，記憶成「現在的狀態」……表示狀態變遷圖的「**變遷成下一個狀態**」！

依序 $1\rightarrow2\rightarrow3\rightarrow4\rightarrow5\rightarrow6\rightarrow1\rightarrow2$……反覆循環。

179

沒錯！舉例說明吧。下圖的例子，現在的狀態是 **110**（點數 6），
S（**STOP**）**= 0**。

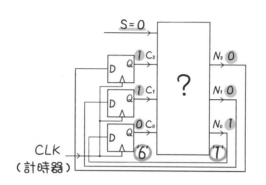

在這個例子中，**下一個狀態是 001**（點數 1），繞一圈回到暫存器
的輸入端，在計時器上升的瞬間，記憶新狀態。

這個例子**由狀態 110 變遷到狀態 001**。

沒錯！當 **S**（**STOP**）**= 1**，電路設計成 **N₂**、**N₁**、**N₀**，會輸出 **110**
（**點數 6**）。

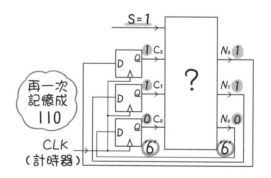

當計時器上升，暫存器會再一次記憶成 110，**狀態不變遷，維持原
狀**，電子骰子的點數不會變化。

這就是「**出現 6 點**」的情形，維持原本的狀態。
順序電路的基本架構，我瞭解了！

◗ （3）設計對應的組合電路

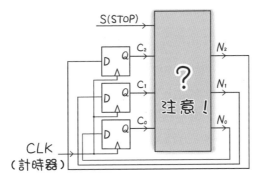

接下來是最後的步驟，注意上圖的「？」部分。
怎麼設計「依據狀態變遷圖，產生下一個狀態的電路」呢？
其實，五藻已經知道設計方法囉♪

咦！我想想……是依據現在的狀態（輸出）C_2、C_1、C_0，以及 **S 輸入**，決定「下一個狀態」N_2、N_1、N_0 的電路吧……我想想……嗯……

是什麼呢？我不賣關子，直接告訴妳吧。
由「現在的狀態」和「輸入」，輸出「下一個狀態」的電路……
可以看成由「當前的輸入」，決定「輸出」的電路──**組合電路！**

咦？組合電路是之前學過的電路嗎？這麼單純？

沒錯。「？」的部分如下圖所示，
等於以當前的輸入來決定輸出的「組合電路」。

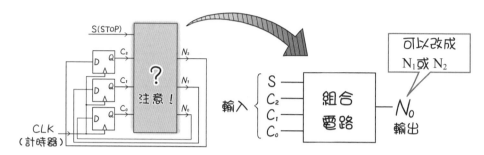

的確是組合電路！可以直接用之前學過的方法（參照第 2 章）。N_2、N_1、N_0 這三個輸出，都需畫真值表。

沒錯，可以用剛剛做出來的「電子骰子的狀態變遷圖」（參照 P.178）。接下來，畫卡諾圖，要注意「**Don't care**」喔！
哪邊是 Don't care，五藻知道嗎？

S 是 STOP 的意思，所以 0 和 1 都有可能。
表示骰子點數的「C_2、C_1、C_0」有三個位元，如同下圖的概念，會表示出「**0 到 7**」的數字（概念請參照 P.116）。

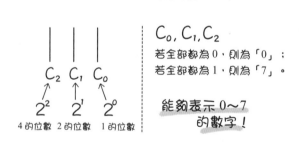

C_0, C_1, C_2
若全部都為 0，則為「0」；
若全部都為 1，則為「7」。

能夠表示 0～7 的數字！

但是，骰子的點數沒有「0」和「7」，
要考慮 S＝0 和 S＝1 的「0 和 7」。
因此，Don't care 會像下頁圖的四個橫線「—」記號！

四個 Don't care

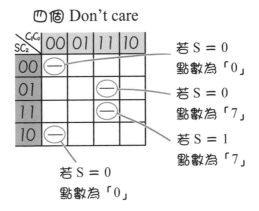

若 S = 0
點數為「0」

若 S = 0
點數為「7」

若 S = 1
點數為「7」

若 S = 0
點數為「0」

喔……真是完美的答案，五藻。圖中有許多 Don't care，可以進一步化簡，交給妳了！

好！將N_2、N_1、N_0的三個輸出，畫成卡諾圖和電路圖！

N_2（最大的位數）

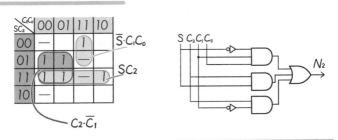

N_1（中間的位數）

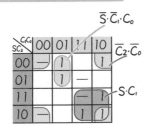

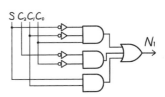

N_0（最小的位數）

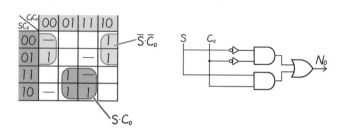

沒錯！不錯喔。
把這三個電路裝入「？」吧。

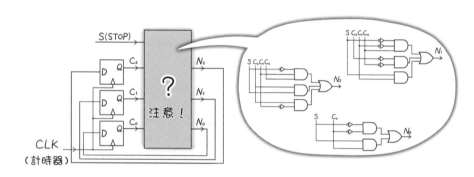

接著，連接前幾天設計的骰子點數顯示器，如此一來，電子骰子電路圖就完成囉！

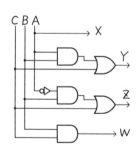

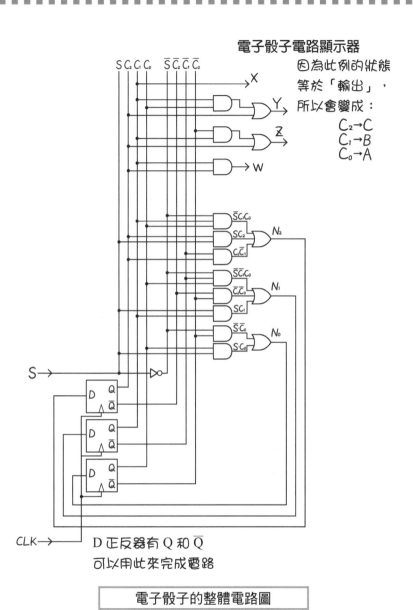

電子骰子電路顯示器

因為此例的狀態
等於「輸出」，
所以會變成：
$C_2 \to C$
$C_1 \to B$
$C_0 \to A$

D 正反器有 Q 和 $\bar{Q}$
可以用此來完成電路

電子骰子的整體電路圖

哇！這就是電子骰子的電路圖啊……終於……完成了！

辛苦啦。

五藻學會順序電路的設計方法囉！

來回顧所有步驟吧！

順序電路（電子骰子）的設計步驟

（1）首先，畫出狀態變遷圖。

（2）將狀態轉換成二進數。

（3）設計對應的組合電路。

我現在瞭解這些步驟的含義了。

正確來說，現在介紹的是「**同步順序電路**」，亦即全體電路對應一個計時器的訊號，進行同步運作的電路。

然而，沒有計時器的非同步電路幾乎沒有人在使用。

所以此方法對於大部分人們實際運用的數位電路來說，都通用。

真厲害！

但是，像電腦那樣巨大的數位電路，不能只靠一個順序電路吧？

沒錯。巨大的數位電路需要分開設計好幾個順序電路。

但是，進一步的設計需要**電腦結構、作業系統設計技術**等，不同領域的專業知識和技術。

說的也是……

需要學習的東西還有很多。

但是，我已經完成電子骰子的設計圖了，真棒！

column

正反器的結構

....

要使電路記憶數位資料,該怎麼做呢?如圖 1 所示,兩個輸入經由反閘輸出,再連接到另一個反閘的輸入端,形成 8 字型的電路。

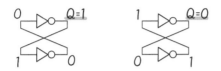

圖 1 較簡單的記憶電路

這種電路沒有輸入,若Q為1,上方閘的輸入會變成0,Q值會維持1;若Q為0,上方閘的輸入會變成1,Q會維持0。也就是說,這種電路有「Q為1的狀態」和「Q為0的狀態」,**電路變成其中一個狀態後,會一直維持那個狀態。**

總之,請記得這是最簡單的記憶電路。

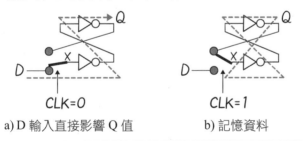

a) D 輸入直接影響 Q 值　　　b) 記憶資料

圖 2　附加資料輸入開關的電路(妖精:D 閂閘)

然而,沒有輸入,電路不好使用,所以我們會附加開關,用以控制CLK輸入,如圖 2。若CLK = 0,開關的 x 點會連接到D輸入端;若CLK = 1,會連接到上方邏輯閘的輸出端。這代表若CLK = 0,D輸入會直接影響Q值;若CLK = 1,D輸入的資料會儲存在 8 字型的記憶電路,再由Q輸出數值。因為輸入端已被切斷,所以不管D值如何變化,已儲存的資料都不受影響。

這個開關稱為**D閂鎖(D latch)**,相當於我們說的妖精。

187

順帶一提，這種開關使用了資料選擇器（多工器，Multiplexer）。為了讓 D 閂鎖記憶資料，CLK 必須先歸零。此時，資料會直接由 D 傳送到 Q，只有 CLK 上升，電路才能記憶資料（邊緣觸發，Edge Trigger）。產生狀態變遷的必要條件是開關的邊緣觸發，所以我們需要另一位妖精的幫忙。

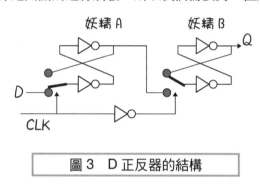

圖 3　D 正反器的結構

這兩位妖精依序排列，如圖 3 將第二位妖精的開關接上附有反轉訊號的 CLK。如此一來，其中一位妖精在準備觸發記憶，讓輸入的資料直接通過正反器的時候，另一位妖精已記下先前的資料。

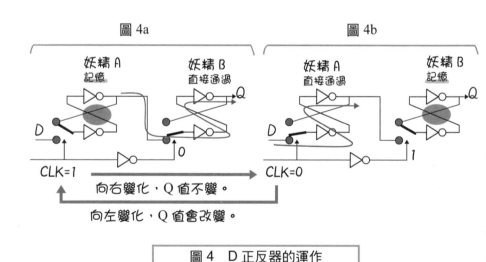

圖 4　D 正反器的運作

首先，CLK＝1的時候，A妖精會記憶資料，B妖精則會接收來自A妖精的資料，輸出Q值，如圖4a所示。當CLK變成0（CLK＝0），B妖精會代替A妖精記憶之前輸出的資料。此時，由電路外觀來看，輸出的Q值沒有變化。B妖精記憶資料的時候，A妖精讓新的資料直接通過電路，準備記憶下一個輸入資料（圖4b）。接著，在CLK由0變換成1的瞬間，A妖精會記憶最新的資料，B妖精則直接讓資料通過，輸出Q值（再次變回圖4a）。

這就是電路內部**D正反器**的運作情形，透過兩位妖精的合作無間，電路才能產生邊緣觸發。

此外，這種方式又叫作主從式（主人和奴隸，**Master-slave**）。A妖精和B妖精的運作，明明沒有主從關係，卻如此命名很奇怪吧？但人們一直以來都這樣稱呼。

近年來「**使用硬體描述語言設計**（將於P.208介紹）」成為主流，除了D正反器，其他正反器幾乎無人使用，其中歷史最悠久的正反器是JK正反器。

下一頁將解說JK正反器以及其他正反器。

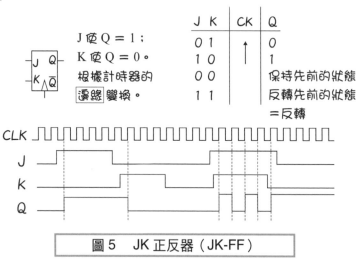

各種正反器

JK正反器如圖 5 所示，包含「J輸入、K輸入、計時器輸入、Q輸入、$\overline{Q}$ 輸出」。

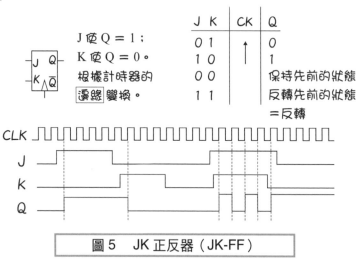

圖 5　JK 正反器（JK-FF）

J輸入會使Q值變成 1，相對地，K輸入會使Q值變成 0。若J = 1、K = 0，且計時器上升，則Q = 1；若J = 0、K = 1，且計時器上升，則Q = 0；若J = 0、K = 0，且計時器上升，則Q值保持先前的狀態。

這種JK 正反器好玩的地方在於，若J = 1、K = 1，且計時器上升，Q值會和先前的狀態相反。也就是說，若原本Q = 1，則會變成Q = 0；若原本Q = 0，則會變成Q = 1。這機制稱為**反轉**（Toggle）。

利用反轉的機制，能輕鬆製作計算計時器數量的計數器。二進數的遞增規則非常單純，「當比自己小的位數全部是 1，且計時器上升的時候，此位數的數值會反轉，其餘的情況則會使此位數保持原本的數值。」如此一來，數值便能一點點地增加，圖 6 即是利用此機制製作的同步二進位計數器。

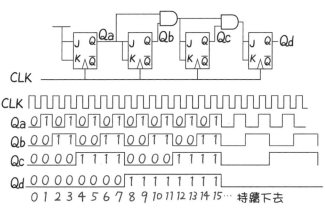

CLK

比自己小的位數全部是「1」，則數值反轉→計算數值。

★按照 Qa Qb Qc Qd的順序，讀取此二進數，

　當計時器上升，數值會跟著增加。

圖6　同步計數器

　　圖6的J和K保持連接狀態，僅執行反轉和記憶保存的功能，此種正反器很常見，而圖7的正反器連接J和K，稱為T輸入，這種正反器是**T正反器**。而K接上J的反轉訊號，稱為D輸入，這種正反器是D正反器。

　　由此可知，JK正反器可以當作T正反器，也可當作D正反器，所以被稱為正反器之王。然而，因為它的功能過多，反而不適用於CAD的輔助設計，最近已經沒什麼人在使用了。

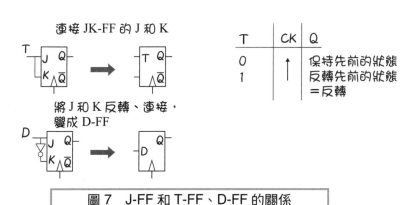

圖7　J-FF 和 T-FF、D-FF 的關係

191

雖然最近D正反器成為正反器的主流，但還是有缺點。它沒有JK正反器的 J＝0、K＝0 機制，每當計時器上升，D輸入就會馬上重新記憶新的資料。若要製作在指定時刻才能記憶新資料的電路，使用D正反器會很不方便。

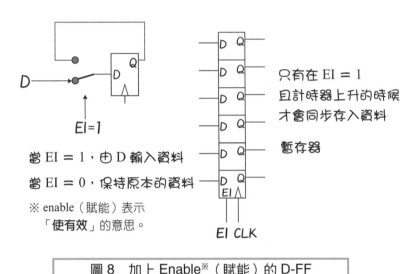

只有在 EI = 1
且計時器上升的時候
才會同步存入資料

暫存器

EI＝1

當 EI＝1，由 D 輸入資料
當 EI＝0，保持原本的資料

※ enable（賦能）表示
「**使有效**」的意思。

EI CLK

圖 8　加上 Enable※（賦能）的 D-FF

因此，我們必須為D-FF加開關，如圖8。當EI＝0，Q輸出和D輸入相互連接；只有EI＝1的時候，才會從電路外輸入新資料。

這稱為「**賦能 D 正反器**」，是最近的正反器主流。如圖 8 所示，將數量充足的賦能 D 正反器排在一起，共用賦能訊號（EI）和計時器（CLK）的構造，稱為**暫存器**。

此暫存器只有在賦能訊號（EI）為1，且計時器上升的時候，才能記憶資料的數值。最近的設計方法大多聚焦於：暫存器要在哪個時間點記憶什麼數值？以這樣的考量來設計數位電路，即為**暫存器轉移層次**（Register Transfer Level：RTL）**設計**，將於P.208 介紹。

第5章 **名 詞 解 釋**

●**順序電路**（Sequential Circuit）：根據當前的狀態和輸入，來決定輸出的電路，和第 3 章的組合電路（Combinatorial Circuit）不太一樣，能以狀態的形式儲存記憶（履歷）。其實，市面上功能強大的數位電路，幾乎都是使用順序電路。順序電路分為與計時器同步運作的同步順序電路，以及不與計時器同步運作的非同步順序電路，設計簡單的同步電路較廣泛使用。有人將同步順序電路稱為定序器（Sequencer）、有限態機器（Finite State Machine）。同步順序電路又分為由當前狀態和輸入，來決定輸出的米利機（Mealy Machine），以及僅由當前狀態來決定輸出的摩爾機（Moore Machine）。本章介紹的電子骰子，直接將狀態當成輸出，屬於典型的摩爾機，而同步順序電路是由正反器和組合電路所構成的電路。

●**正反器**（Flip-flop）：Flip-flop模擬洗衣機翻滾衣物所發出的啪嗒聲響，本章則比喻成蹺蹺板，簡單來說，Flip-flop 是描述兩種狀態，啪嗒啪嗒快速轉換的樣子，用於數位電路則指能儲存兩種狀態的記憶元件。若用於比較電子電路，則可稱為雙穩複振器（Bistable Multivibrator）。正反器分成許多種類，但現今人們比較廣泛使用的是本章說明的 D 正反器。

●**暫存器**（Register）：暫存器的功能是保存資料，通常會和D正反器一起用於電路。設計電腦等大規模數位電路，必須考量暫存器什麼時候該存入資料，此資料怎麼移動、如何處理，這樣的設計方式稱為 RTL（Register Transfer Level）設計法，為現今數位電路主流的設計方法，電腦的中央處理器即使用大量暫存器。

●**狀態變遷圖**（State Transition Diagram）：以圖表示同步順序電路運作時，狀態間的轉移、變化如何進行，就是狀態變遷圖。將各個狀態轉換成對應的編碼，即能畫出狀態變遷表。以此表為基準，可設計對應的同步順序電路。雖然本章的例子，直接將狀態編號當作輸出的編碼，但其實還有只有一位元（高位準）的獨熱碼（One-Hot）編碼方式，以及盡可能產生最小位元變遷的詹森計數器（Johnson Counter）編碼方式。

若有時間，
叫他坐火車或
搭飛機來找妳啊！

不管是通訊還是
交通工具，都需要
數位電路！

所以……

妳也可以把打工的
薪水存起來，去找
他啊！

所以，

現在放棄還嫌太早，
聯絡、見面的方法
有很多！

的……
的確……

可……可是
……

可是……

五藻，
妳是順序電路嗎？

同樣的記憶、同樣的
狀態，妳打算重複到
什麼時候？

該踏出下一步了吧？

啊啊 啊啊 啊啊
啊啊

我知道自己
畏畏縮縮，
可是……

店長，
妳不會懂的，
單戀就是會讓人
不安啊！

…………

那麼，
我來當五藻的
計時器吧。

給妳展開行動
的時機。

咦？

我最近又做了
新的電子骰子。

我和妳同時
按下電子骰子——

如果五藻的骰子點數比較大，

妳的時薪提高五百日元。

如果我的骰子點數比較大……

妳現在馬上去向高場告白，如何？

!!!?

店長，妳太亂來啦！

請不要用賭博來決定時薪和別人的戀愛！

妳錯了，經營店家和戀愛說到底都是一種賭博。

這是我的見解！

開始吧，快，把手指放上去！

預備，開始！

啪 啪 啪 啪 啪 啪

啪 啪 啪 啪 啪 啪 啪···

店長,
我今天請假喔!

那個……

手忙
腳亂

謝謝店長的教導!

跳！

我們走囉！
胖啵！

咦？

胖啵？

啵——
啵——

啵——

胖啵……

嗯，胖啵，
我會加油！

我出發囉！

啪嗒
啪嗒
啪嗒
啪嗒
啪嗒
啪嗒

好。

啵一

慢走♪

啵？

五藻……我一開始就說過。

「電路設計」是「做出符合預期運作方式的電器」。

學會設計電路，「就能做出運作方式符合自己預期的電器。」

按下去

啪 啪 啪

所以，學會數位電路……

當然能做出只出現「6」的電子骰子——

呵呵。

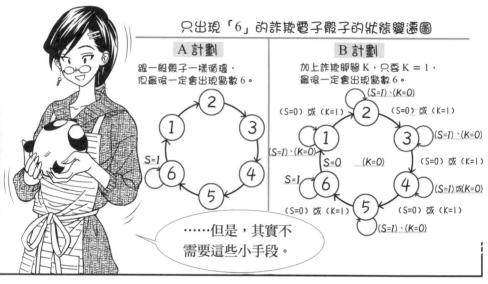

京城線轉運站
Keisei Line

到機場要多少錢？

啊！

這個也是
數位電路！

歡迎使用

輸入 □ □ 張

Please insert your soic

English

我該跟
前輩說什麼？

如果他反應很冷
淡，怎麼辦……

但是……
我還是想見
前輩一面！

高場前輩！

我是會坂五藻，
專長是拆解電器。

喜歡電器產品
……

以及——

高場前輩！

這是有數位電路支持的遠距離戀愛！

完結……

用硬體描述語言，設計數位電路

　　本書介紹數位電路設計的基本概念，不管未來的設計技術怎樣進步，對讀者來說，這些基本概念及技巧還是會有所幫助。

　　然而，現在從事數位電路設計的人，並非使用本書所教的 MIL 符號來畫電路圖，也不是利用卡諾圖來化簡電路，而是以「設計用的語言」來設計數位電路，亦即利用電腦的編譯器來編譯程式。

　　用**硬體描述語言**（Hardware Description Language：**HDL**）設計數位電路是現在的主流，設計方式很接近電腦的程式語言，利用**高階合成**（High Level Synthesis：HLS）來設計的方法也正式被使用。使用硬體描述語言設計電路，著重於資料在什麼時間點存入、儲存在哪個暫存器、執行什麼樣的演算，因此又稱為**暫存器轉移層次**（RTL）**設計**。

　　目前，強大的硬體描述語言有兩種——「**Verilog HDL**（或稱為System Verilog）」與**VHDL**，數位電路設計者通常會選擇其中一種。

　　前面我們辛苦設計的電子骰子計數器，可使用Verilog HDL設計，方式如下一頁所示，本書並不說明細節，讀者只需大致認識即可。

```
module saikoro(
input clk, rst_n, stop,
output reg [2:0] count);
always @(posedge clk or negedge rst_n) begin
  if(!rst_n) count <= 1;
  else if (!stop) begin
      if(count==6) count <= 1;
      else count <= count + 1;
  end
end
endmodule
```

　　這個骰子的模組（saikoro）以「計時器（clk）、重設（rst_n）、停止（stop）」為輸入，以「對應骰子點數的count」為輸出。

　　輸出的count儲存於暫存器，所以要用reg指令來宣告，並將count描述為第二位元到第零位元三位數的二進數。always 指令的功能像咒文一樣，表示在計時器上升、重置訊號變成L的時候，馬上執行重置的動作。

　　骰子本體的運作則以if指令來描述，和其他程式語言相同。若滿足if後面括弧的條件，則執行括弧後面的指令；若不滿足，則執行else後面的指令。雖然本文沒有詳細說明，但相信讀者還是能大致瞭解程式的內容：執行重置指令後，rst_n值變成1；當stop值不為1，count值開始循環；只有count = 6的時候，下一個才會是count = 1，其餘情況的count值則會每個循環都加1。即使不懂細節，也能大致理解程式內容，是「硬體描述語言」的優點。

　　描述完畢，必須用邏輯模擬器，來檢測這個設計能不能正確運作。邏輯模擬器是CAD設計工程的一個軟體，針對指定的輸入情況，用文字和波形表示輸出、內部狀態的變化情形。

確認設計可以正確運作，再利用CAD進行邏輯合成、邏輯壓縮，輸出化簡的電路圖。此電路圖會以網表的方式呈現，並列的形式呈現邏輯閘與邏輯閘的連接，一般來說，設計者不會閱讀此電路圖。計時器運作的頻率是什麼？邏輯閘的數量有多少？電力消耗的程度如何？設計者會選擇這些數值，來確認合成的結果。若這些數值都符合指定的規格，此設計就完成了。若運作頻率過慢、邏輯閘的數量過多，則需改變邏輯合成、壓縮工具的指令，或是重新評估設計。

隨著硬體描述語言設計方式和CAD的普及，數位電路設計者的工作變得更加簡單，即使是大規模的電路，也能快速設計完成。然而，使用硬體描述語言的設計方式，設計者必須在程式中描述時間點、在哪裡輸入資料，仍然很困難。因此，最近使用更接近程式語言的形式，寫入電路應該如何運作，再交由CAD處理細節，例如：什麼時間點輸入資料，如何處理輸入的資料。

這樣的設計方式稱為**高階合成**（High Level Synthesis：**HLS**）設計方式。

利用這個設計方式，動畫影像的壓縮與解壓縮、訊號編碼與解碼、聲音辨識等複雜的電路，也能輕鬆設計。

隨著設計環境的改善，設計者能夠集中心力在精密設計的細部工程，以及更高階的設計，思考「對使用者來說，怎樣的系統更好用」。

未來的數位電路設計，比起確實完成細部電路設計的能力，更重視**掌握、瞭解新型CAD軟體的特性與彈性、自由的發想，以及嶄新的創意**。

索引

211

〈作者簡歷〉

天野英晴

1986 年慶應義塾大學工學部電氣工學專業修畢

現任慶應義塾大學理工學部情報工學科教授

工學博士

主要日文著作：

《邊做邊學電腦架構》合著（培風館）

《可重組系統》合著（歐姆社）

《誰都能瞭解的數位電路》（歐姆社）

《適合數位設計人的電子電路》（日冕社）

■ 製　作：Office sawa
　　　　　　2006 年成立。製作許多有關醫療、電腦、教育的
　　　　　　實用書籍及廣告，也涉獵含有插畫、漫畫的指
　　　　　　南、參考書、宣傳品。

■ 編　劇：澤田佐和子

■ 漫　畫：目黑広治

■ D T P：Office sawa

國家圖書館出版品預行編目資料

世界第一簡單數位電路 / 天野英晴作；
　衛宮紘譯. -- 初版. -- 新北市：世茂，2015.05
　面；　公分. --（科學視界；181）

　ISBN 978-986-5779-71-9（平裝）

　1.積體電路

448.62　　　　　　　　　　104003698

科學視界 181

世界第一簡單數位電路

作　　　者／天野英晴
審 訂 者／闕志達
譯　　　者／衛宮紘
主　　　編／陳文君
責任編輯／石文穎
出 版 者／世茂出版有限公司
負 責 人／簡泰雄
地　　　址／（231）新北市新店區民生路 19 號 5 樓
電　　　話／（02）2218-3277
傳　　　真／（02）2218-3239（訂書專線）
　　　　　　　（02）2218-7539
劃撥帳號／19911841
戶　　　名／世茂出版有限公司　單次郵購總金額未滿 500 元（含），請加 80 元掛號費
世茂官網／www.coolbooks.com.tw
排版製版／辰皓國際出版製作有限公司
印　　　刷／世和彩色印刷股份有限公司
初版一刷／2015 年 5 月
　　三刷／2023 年 3 月

ＩＳＢＮ／978-986-5779-71-9
定　　　價／300 元

Original Japanese edition
Manga de Wakaru Digital Kairo
By Hideharu Amano, Koji Meguro and Office sawa
Copyright ©2013 by Hideharu Amano, Koji Meguro and Office sawa
Published by Ohmsha, Ltd.
This Traditional Chinese Language edition co-published by Ohmsha, Ltd.
and ShyMau Publishing Company
Copyright©2015
All rights reserved.

合法授權・翻印必究
Printed in Taiwan

讀者回函卡

感謝您購買本書，為了提供您更好的服務，歡迎填妥以下資料並寄回，
我們將定期寄給您最新書訊、優惠通知及活動消息。當然您也可以E-mail：
service@coolbooks.com.tw，提供我們寶貴的建議。

您的資料（請以正楷填寫清楚）

購買書名：＿＿＿＿＿＿＿＿＿＿＿＿＿＿＿＿＿＿＿＿＿＿＿＿

姓名：＿＿＿＿＿＿＿＿＿　生日：＿＿＿＿年＿＿＿月＿＿＿日

性別：□男 □女　　E-mail：＿＿＿＿＿＿＿＿＿＿＿＿＿＿＿

住址：□□□＿＿＿＿縣市＿＿＿＿＿鄉鎮市區＿＿＿＿＿路街
　　　　　＿＿＿段＿＿＿巷＿＿＿弄＿＿＿號＿＿＿樓

　　　聯絡電話：＿＿＿＿＿＿＿＿＿＿＿＿＿＿＿＿＿＿

職業：□傳播 □資訊 □商 □工 □軍公教 □學生 □其他：＿＿＿＿

學歷：□碩士以上 □大學 □專科 □高中 □國中以下

購買地點：□書店 □網路書店 □便利商店 □量販店 □其他：＿＿＿

購買此書原因：＿＿ ＿＿ ＿＿ ＿＿ ＿＿ ＿＿（請按優先順序填寫）
1封面設計　2價格　3內容　4親友介紹　5廣告宣傳　6其他：＿＿＿

本書評價：＿＿ 封面設計 1非常滿意 2滿意 3普通 4應改進
　　　　　＿＿ 內　容 1非常滿意 2滿意 3普通 4應改進
　　　　　＿＿ 編　輯 1非常滿意 2滿意 3普通 4應改進
　　　　　＿＿ 校　對 1非常滿意 2滿意 3普通 4應改進
　　　　　＿＿ 定　價 1非常滿意 2滿意 3普通 4應改進

給我們的建議：＿＿＿＿＿＿＿＿＿＿＿＿＿＿＿＿＿＿＿＿＿＿
＿＿＿＿＿＿＿＿＿＿＿＿＿＿＿＿＿＿＿＿＿＿＿＿＿＿＿＿＿＿
＿＿＿＿＿＿＿＿＿＿＿＿＿＿＿＿＿＿＿＿＿＿＿＿＿＿＿＿＿＿

傳真：(02) 22187539
電話：(02) 22183277

廣告回函
北區郵政管理局登記證
北台字第9702號
免貼郵票

231新北市新店區民生路19號5樓

世茂
世潮 出版有限公司 收
智富

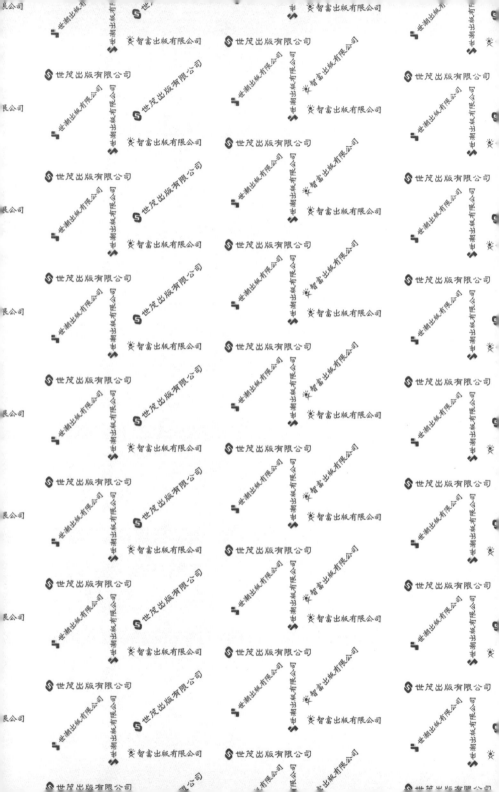